大开眼界系列

高清手绘版

# 宇宙地球的360个奥秘

稚子文化/编绘

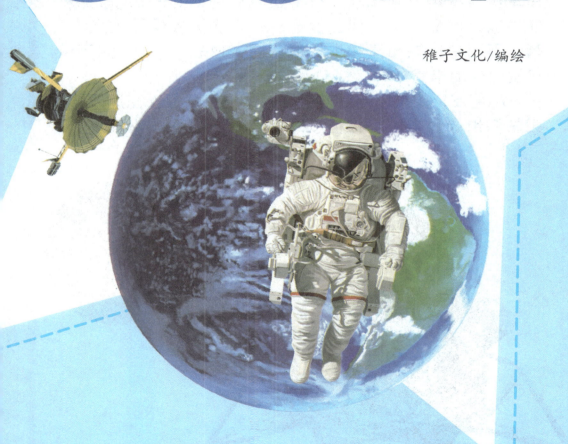

吉林出版集团股份有限公司 | 全国百佳图书出版单位

# 前言
## Preface

　　从浩瀚宇宙中旋转的行星，到精密仪器下现身的菌落，万物都有着专属于自己的独特秘密；从原始部落里袅袅升起的烟火，到信息时代中不断飞奔的代码，历史总在我们意想不到时悄然蜕变；从史前生命进化至哺乳动物，再到人类，生命的旷世力量在漫长的岁月中蓄力爆发；从拉着马车缓慢行走，到体验飞行带给我们的便利，科学的神奇催生着一个又一个时代的变迁；从观测天象预报未来的阴晴，到淘金未果却捧红牛仔裤的巨大反转，世界因细节的改变而更加丰富多彩、魅力无限……

　　小朋友，如果你刚好对世界的每一个角落都充满好奇，如果你也像科学家一样善于观察，乐于思考，或者想知道

课本以外的广袤天地，那么，这套"大开眼界系列百科"将是你最好的选择。本套丛书分为《宇宙地球的360个奥秘》《人类社会的360个奥秘》《史前生物的360个奥秘》《动物植物的360个奥秘》四册。相对于其他的百科书而言，本套丛书中并没有太多生涩难懂的词语，而是另辟新路，采用分别列举知识点的形式来告诉孩子这个世界的千姿百态。除此之外，每一册图书都有它的主题，每一个主题精选了这一领域最令人惊奇的知识，它们可能是鲜为人知的秘密，又或是令人诧异的发现，也可能是些简单的原理揭示，相信小朋友读后一定会对这一领域有整体的认知，并激发阅读的兴趣。

书中知识话题的跳跃性较强，打破了传统百科书固有的框架结构，小朋友的思维也会跟随着阅读而不断发散和跳跃，想象力和思维能力也会得到相应的提升。另外，书中还配有颜色鲜艳、生动立体的图画，让孩子不再只面对枯燥的文字，而是在欣赏精美图画的过程中，感受知识的力量。

还在等什么？马上翻开下一页，去探索未知的世界吧！

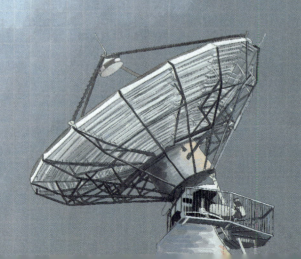

# 目 录 contents

# 拥抱地球的太空

**001** 什么是太空？太空在哪里？其实，太空就是位于地球大气层以外的领域。我们所处的海拔越高，就会明显感觉空气越稀薄。直到空气完全消失的地方，就是太空。在太空中有很多神奇的物体存在，甚至还有在太空中工作的人们，我们称他们为宇航员。

▲宇航员就是以太空飞行为职业或者进行过太空飞行的人。在遥远的太空里，有数不清的行星、恒星和星系。

# 神秘的宇宙

002 "大爆炸"理论认为，大约在200亿年以前，构成我们今天所看到的天体的物质都集中在一起，它们的密度极高，温度高达100多亿摄氏度，被称为"原始火球"。后来它发生爆炸，高温物质开始冷却，密度也不断降低，逐步形成原子、原子核、分子，并复合成通常所说的气体，气体凝聚成星云，星云又进一步形成各种各样的恒星和星系，宇宙就这样形成了。

▲ "原始火球"发生爆炸。

星云 ▶

**003** 宇宙到底是什么样子？霍金的观点或许更容易让人接受：宇宙有限而无界，只不过比地球多了几维。比如我们的地球就是有限而无界的。在地球上，无论你从南极走到北极，还是从北极走到南极，仿佛都无法发现地球的边界，但不能因此说明地球是无限大的。事实上，我们都知道地球是有限的。地球是如此，宇宙也一样。

▲霍金是英国著名的物理学家和宇宙学家。

**004** 说到宇宙的年龄，我们无法用一般的计数单位来表达，而是用亿年作为计数单位。利用哈勃常数测定法，测量地球与邻近星系的距离，最终求得的宇宙年龄都在100亿～200亿年之间。这可能就是宇宙存在的年限。

彼此在不断远离的星系▶

**005** 天文学家们观察星系时，发现其他的星系正在远离我们，而且越遥远的星系移动的速度越快。实际上，所有的星系彼此都在不断远离，所以我们说宇宙正在不断地膨胀。

**006** 宇宙也许会随着一次大坍塌而终结。也就是说，所有的星系都将向一点聚集，在一次与大爆炸相反的大坍塌中挤到一起，由外向内爆炸。

# 耀眼的太阳

**007** 大多数的恒星看起来就是天空中的光点，而太阳之所以如此耀眼与明显，是因为它是距离地球最近的恒星。太阳向地球输送光和热，使地球上的生命得以繁衍生息。

**008** 太阳的表面常常出现很多黑色的斑点，它们叫作"太阳黑子"。因为黑子的温度比太阳表面其他部分的温度低，所以这些温度比较低的区域看上去就像黑色的斑点。

▲太阳是一颗巨大的气态星球，不仅温度较高，
发出的亮光也十分刺眼。

▲黑子是活动区的中心，
也是活动区最明显的
标志。

**009** 太阳耀斑是一种剧烈的太阳运动。太阳表面的某些区域会突然发生大爆炸，颜色变为白色，并在几分钟内释放出巨大的能量。

▲耀斑的持续时间在几分钟到几十分钟，并能够在这段时间释放出巨大的能量。

**010** 日食也称"日蚀"，是月球挡住太阳所造成的一种现象。太阳、月球与地球有时会刚好排成一行，月球处于太阳和地球之间，便挡住了太阳的光线，因此导致地球上某一个区域无法接收太阳光的照射，变得寒冷并且黑暗，如同黑夜提前降临。

▲ 太阳、月球与地球排成一行。

# 太阳 "发抖" 的奥秘

**011** 在太阳表面大概 2/3 的范围都有纵横约 1000 千米 ~ 50000 千米、深浅达 30 千米的气流运动。太阳就像一颗巨型心脏，不停地跳动着。天文学家认为，太阳的抖动是其内部放射的声波所形成的压力和自身引力共同作用的结果。但由于太阳离地球过于遥远，且能量非常强大，天文学家对太阳的内部运动还不能确切认识，只是大致估计。

**012** 太阳风是日冕向外膨胀的过程中，由许多带电微粒流所形成的，这些微粒主要是氢原子核（即质子）及少量的氦原子核。这种物质虽然与地球上的空气不同，不是由气体的分子组成，但它们流动时所产生的效应与空气的流动十分相似，所以称它为太阳风。

▼ 太阳风的速度强劲，比地球上记录的最快风速还要快 500 多倍。

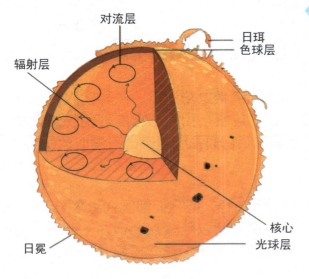

对流层

日珥
色球层

辐射层

核心
光球层

日冕

▲ 太阳结构示意图

**013** 太阳的大气层从里到外可以分为三层：光球层、色球层和日冕。仔细观察光球层你会发现，它如同一个望不到边的"燃烧的海洋"，在光球外层是厚约2000千米的色球层，只有用专门的仪器才能够观测到。最外层的日冕，便是太阳风的风源地。日冕没有明确的边界，处于持续膨胀的状态。

**014** 太阳风受地球磁场的影响，减速后主要飞向了南北极。

# 浩瀚的太阳系

**015** 太阳系是一个行星家族，共同围绕着太阳运行，一种肉眼无法看见的力量使它们紧紧地团结在一起，这便是引力，它能够使物体之间相互吸引。太阳的引力作用于行星，使它们围绕着自己不停地运行。

**016** 八颗行星与太阳之间的距离都不一样，但它们都围绕着太阳运行。最靠近太阳的四颗行星都是岩质行星（指以硅酸盐岩石为主要成分的行星，例如地球、火星）；其余四颗由气体和液体构成，体积相对而言比较大。

◀太阳是太阳系的中心，它和行星之间凭借巨大的引力相互作用着，以保持结构稳定。

**017** 卫星绕着行星运行，并与行星一起围绕太阳运行。月球是地球唯一的卫星，它绕着地球运行。火星拥有两颗卫星，水星、金星没有卫星。木星、土星、天王星、海王星则有很多卫星环绕在周围。

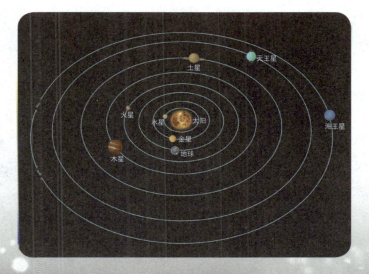

▲ 太阳系示意图

**与此相关** 太阳系中还有很多类似行星环绕太阳的运动，但体积较小的成员，我们称它们为小行星。

# 人类的家园——地球

**018** 地球是我们目前发现的星球中，人类能够生存的唯一星球。准确来说，地球是一个由岩石构成的球体。我们居住在地球的表面，地球表面的岩石结实坚硬，温度适中，而地球内部的岩石却具有极高的温度。

**019** 地球是一颗蓝白相间的行星，大量的海洋和潮湿云团覆盖在它的身上。有了这些丰富的水资源，我们才能够生活在这颗星球上。

内核位于地球的中心，外核之上是地幔，地壳是地球最外面的一层。▶

**原来如此**

地壳是地球固体地表构造的最外圈层，整个地壳的平均厚度约 17 千米，其中大陆地壳较厚，大洋地壳相对较薄。

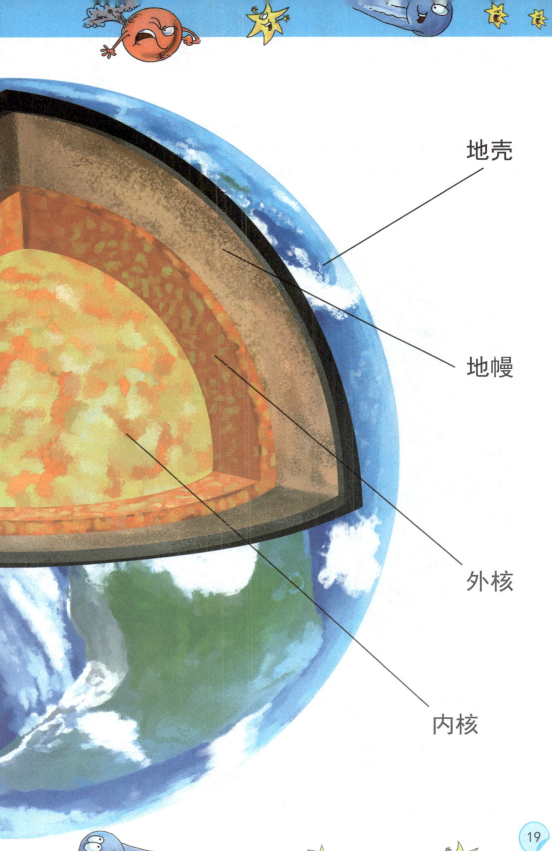

地壳

地幔

外核

内核

**020** 地球自转时，总有一半面向太阳，一半背离太阳。面向太阳的一半接受阳光的照射，一片光明，称为白昼。背离太阳的一半则一片黑暗，称为黑夜。地球不断自转，昼夜便随之不断更替。

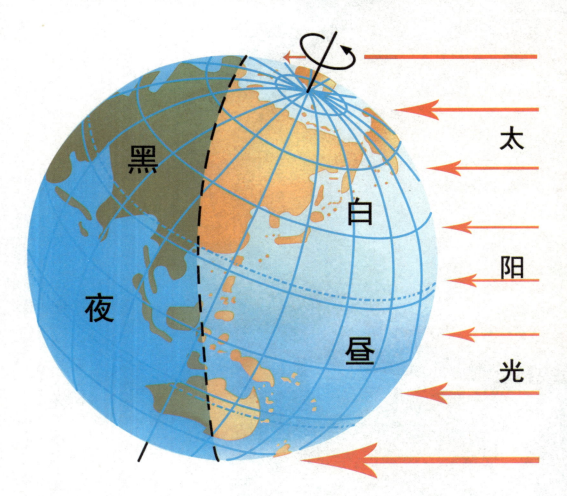

黑

白

夜

昼

太

阳

光

▲地球的自转是指地球围绕地轴自西向东转动，自转一周所需的时间是23小时56分4秒。

**021** 地球在不断自转的过程中，也在斜着身子围绕太阳进行公转，这使得太阳的直射点在地球表面发生了变化，产生了四季的更替。

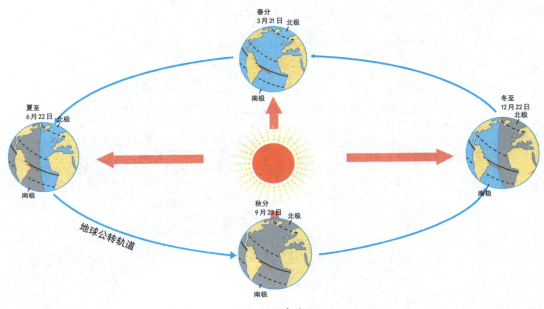

▲ 北半球的季节变化

**022** 月球绕地球旋转，同时地球又带着月球围绕太阳旋转，当月球转到地球背着太阳的一面，并且恰好太阳、月球、地球处在同一直线或近于直线的时候，地球挡住了照到月球的太阳光，我们看到的月球就失去了光明，这就是月食。

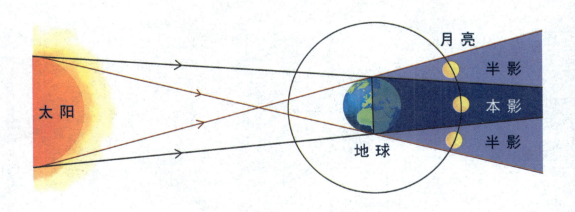

# 地球的"孪生兄弟"——火星

**023** 火星是一颗固态行星，众多的探测数据表明，火星的结构与地球极为相似，拥有多样的地形，如高山、平原和峡谷。火星的自转周期为 24 小时 37 分，也就是说，火星上的一天仅比地球上稍长。火星公转一周是 687 天，不到地球公转时间的两倍。

**024** 火星的地表布满了沙丘、砾石，没有稳定的液态水体，几乎完全掩盖在狂风扬起的漫天尘暴之中，非常干燥。空间探测器"水手9号"在 1971 年抵达火星时，发现火星的整个星球都藏在了尘云之下。

▲ "水手9号"是火星第一颗人造卫星，环绕火星轨道进行长期考察。它向我们发回了7000多幅有关火星的照片。

▲火星表面

**025** 火星上有着令人惊异的奇观。如火星上的奥林匹斯火山是迄今为止太阳系最大的火山，高达 25 千米，是地球第一高峰珠穆朗玛峰的将近 3 倍。再如水手峡谷长 4000 千米，宽 200 千米，谷深达 10 千米，而著名的美国科罗拉多大峡谷总长 446 千米，最深处只有 2 千米，根本不能与水手峡谷相提并论。

**026** 火星上最引人注目的地形特征是干涸的河床，它们主要集中在火星的赤道区域。这些河床的存在使科学家们认为，过去的火星一定与今日的火星有很大差异。

火星上干涸 ▶
的河床

**27** 宇航员要经过 6 个多月的漫长行程才能到达火星，他们必须携带往返及停留期间所需要的一切物品。

# 有趣的水星和金星

**028** 水星看上去和月球十分相似，是一颗圆形的岩石行星，表面有着明显的陨石坑。对比月球而言，水星的体积更大一些，但和月球一样，也几乎没有大气。

**029** 由于水星离太阳太近，自转速度慢，又没有大气的调节，所以面向太阳的一面温度非常高，一般能达到400℃以上。而背离太阳的一面却非常寒冷，地表温度可降到–170℃左右。

水星距离太阳较近，所以▶只会出现在凌晨成为辰星，或是出现在黄昏成为昏星。除非发生日食现象，不然在通常情况下我们是无法看见水星的。

**030** 水星上没有液态水，没有水蒸气，却存在着"冰山"。在水星表面的阴影处，水以冰山的形式存在着，直径达 15 千米 ~ 60 千米。已知类似的冰山在水星上多达 20 处，最大的冰山直径甚至达到 130 千米。

**091** 金星被一层浓厚的大气层包裹着，大气的主要成分是二氧化碳。由于二氧化碳能产生强烈的温室效应，金星的表面温度高达465℃ ~485℃。

**092** 金星外围覆盖着一层带有酸性液滴的有毒云层，这些液滴能够灼伤我们的皮肤。地球上的云是由水滴组成的，而金星上的云却不是。厚实的云层将阳光驱逐，使它们无法到达金星表面。

**原来如此**

金星经常出现在我们的视野中，天亮前后，东方天空中的"启明星"和日落时分西方天空中的"长庚星"其实是一颗星，即金星。

**099** 金星，在中国民间称它为"太白"或"太白金星"。古希腊人称金星为"阿佛洛狄忒"，是代表爱与美的女神。而罗马人把这位女神称为"维纳斯"，于是金星也被称为"维纳斯"。

▲与金星相比，水星虽然距离太阳更近些，但温度没有金星的温度高，这是因为金星完全被云层覆盖，热量无法释放，就像处在温室中一样。

# 木星

**034** 在太阳系所有行星中，木星是体积最大的一颗。它的直径约为 14.3 万千米，约为地球直径的 11 倍。这意味着，如果将木星比作一个中空的圆球，它里面能放下 1300 多个地球。木星能够称得上"行星之王"，还因为它特别明亮，除了金星之外，它是天空中最耀眼的行星。

**035** 木星的"大红斑"是木星表面的特征性标志。人们第一次注意到它大约是在 300 年前。它处于云层之上，像风暴云一样打着旋儿。

▼木星上的风暴很多，但是无论是在规模上还是在时间上，"大红斑"都是当之无愧的第一。

▲ 木星上找不到能让航天器降落的固体表面，我们能看见的只有表面的云层，主要由气体和液体组成的球体掩盖在云层之下。

036 意大利天文学家伽利略最早用望远镜发现了木星最亮的四颗卫星，后人称这四颗卫星为"伽利略卫星"。

# 土 星

097 土星有着十分显著的光环，看上去就像一张硕大无比的唱片上那一圈圈螺旋纹路。实际上，这些看起来优美的光环是由数百万块冰块和较少数的岩石残骸以及尘土组成的。这些冰块像微小的卫星一样环绕在土星的周围，因表面反射着太阳光而闪闪发亮。冰块的体积也大小不一，小的也许与一粒糖差不多，大的却像汽车那样大。

▼围绕着土星的光环虽然很宽，但只有薄薄的一层。

**038** 太阳系中最轻的行星是土星，它的主要成分是质量很轻的氢气。如果有一个足以容纳下整个土星的容器，那么它就可以在水中漂浮。

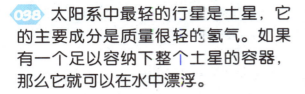

**039** 土卫六又称泰坦星，一直被认为是土星卫星中体积最大的，也是太阳系中唯一拥有大气的卫星。

泰坦星是土星的第六颗卫星。▶

# 天王星和海王星

**040** 天王星的体积在太阳系中排名第三，它的自转轴偏向一侧，在太阳系中尤其与众不同。当天王星进行公转时，它的自转轴偶尔也会指向太阳，所以，也可以说天王星是围绕太阳"滚动"的。

**041** 迄今为止，人们发现了 27 颗天王星的卫星，在这些卫星中，大多数的体积都较小，只有 5 颗卫星的体积较大。

▲ 天王星

**042** 我们常称天王星和海王星是"双胞胎"，主要是因为这两颗行星无论是尺寸还是组成物质都极其相似。与由氢气组成的土星和木星不同，天王星和海王星的主要成分是氢、氦和甲烷。

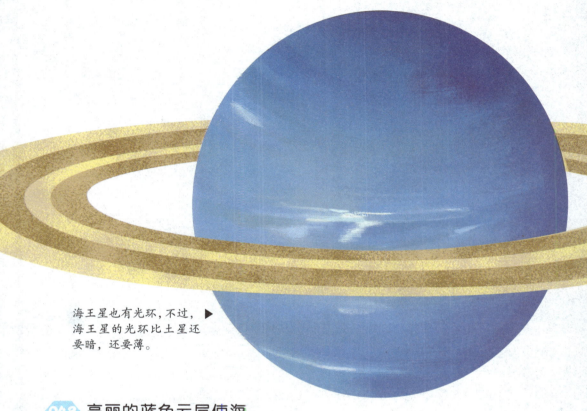

▶ 海王星也有光环，不过，海王星的光环比土星还要暗，还要薄。

**043** 亮丽的蓝色云层使海王星看起来十分漂亮。这些云层上面有更小的白色条状物，它们是冰态云层，围绕着海王星快速移动。

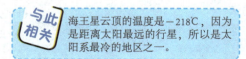

与此相关 海王星云顶的温度是−218℃，因为是距离太阳最远的行星，所以是太阳系最冷的地区之一。

**044** 海王星公转一周是 164.79 地球年，自转周期将近 16 小时，可以看出，海王星也是一颗飞快自转并缓慢绕太阳公转的行星，与天王星非常相似。

# 冥王星

**045** 一直以来，冥王星都被认为是太阳系中最小的行星。经过科学家们的不断研究与探索，得出了不一样的结论：冥王星是太阳系中已知体积最大的和质量第二大的矮行星。

**046** 冥王星与太阳的距离是非常遥远的。假设站在冥王星上看太阳，太阳的亮度与其他恒星差不多，但冥王星从太阳那里获取的热量非常少，它的表面完全被固态的冰覆盖着。

**047** 2015 年 7 月 14 日，美国宇航局发射的"新地平线号"探测器飞跃冥王星，获得了很多前所未有的发现。

**048** 通过"新地平线号"太空船所传回的照片和数据，科学家们已经证实冥王星上存在冰山，且整体面积也很大，这些冰雪的主要成分是冥王星大气中的甲烷，冷凝后降到山顶上的。

# 矮行星和小行星

**049** 阋神星在 2005 年被发现，它的直径比冥王星稍小一些。科学家们没有把阋神星编入大行星行列，而是把它和冥王星一样归属为矮行星。

▲ 阋神星

▲ 塞德娜

**050** 塞德娜是太阳系中颜色最红的天体之一，同时也是太阳系中距离地球最远的天然天体，是海王星与太阳之间距离的 3 倍。

**051** 谷神星是由意大利天文学家皮亚齐发现的，于 1801 年 1 月 1 日公布，是人们最早发现的一颗小行星。其平均直径约为 952 千米，是小行星带中最大最重的天体。谷神星绕太阳公转一周需要 4.6 个地球年。

▲ 谷神星位于火星与木星轨道间的小行星带中，内部存在着大量的冰。

**052** 人们在 1978 年发现了冥王星的伴星——卡戎，它的直径大约是冥王星的一半。

◀ 卡戎

**059** 小行星是没能集结到一起形成行星的岩石块。比如，火星和木星之间的空间足够容纳另一颗大行星，大部分小行星就在那里围绕太阳运行。这些多达数百万颗的小行星中，有的大小和汽车差不多，还有的竟然和山一样大。

▼ 小行星

# 什么是恒星?

**054** 恒星诞生于由尘埃和气体组成的星云之中。引力将尘埃和气体聚集到一起，星云便由此收缩，于是位于中心的气体温度不断升高，逐渐形成一颗新的恒星。

▼星云

**055** 体积大的恒星比体积小的恒星产生能量的速度快，温度也更高，这使它们呈现出非常明亮的蓝白色；体积小的恒星温度要低一些，所以它们看上去是红色的，并且没那么明亮；介于两者之间的普通恒星是黄色的，比如太阳。

▼超巨星

▼超新星

▲黑洞

再循环

▲中子星

▲白矮星

▲行星状星云

**056** 红巨星是正在死亡的恒星，它们已经膨胀到正常体积的数百倍。外层不断膨胀，温度随之降低，使恒星呈现红色。

▲红巨星

**057** 年轻的恒星聚集在一起，它们发出的光芒照亮星云，使星云也散发出鲜艳夺目的光彩。星云是看起来很像云雾的天体，由星际空间的气体和尘埃结合而成，体积十分庞大，通常面积可以达到方圆几十光年。

▲ 星云中的气团开始收缩成紧密的圆球，逐渐形成恒星。

**058** 体积小的恒星比体积大的恒星寿命更长。为了制造能量，恒星会消耗自身的气体。相对于体积小的恒星而言，体积越大的恒星消耗气体的速度越快。

**原来如此**

我们看不见黑洞，但任何物质若辐射到达它的边缘，都会永远消失。一般认为，大部分星系的中央都有一个黑洞。

**059** 随着时间的推移，红巨星外围的大气层开始逐渐脱离，在恒星周围形成一层气体光晕，星光让这些气体发出光芒，这便是行星状星云。最后剩下的是一个叫作白矮星的小恒星，它无法产生能量，会逐渐冷却并死亡。

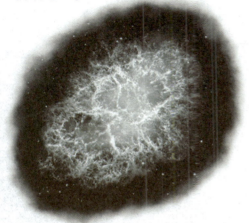

**060** 当体形巨大的恒星即将消亡的时候，会发生剧烈的爆炸，这种爆炸的恒星叫作超新星。超新星爆炸后，恒星的一小部分会残留下来，旋转得很快并仍然发光，成为中子星。

**061** 恒星爆炸后的残留物坍塌，落入自身内部。随着收缩，恒星的引力会渐渐增强。最后，引力会强大到令周围物体都无法逃脱，这就是黑洞。

▲ 因为能看见炙热气体闪烁的光芒在黑洞边缘顷刻消失，所以天文学家们知道有黑洞存在，但也仅限于此。

# 耀眼的银河系

**062** 我们所在的星系中有着数十亿颗恒星，多得如同海滩上的沙粒。整个星系看起来就像是夜空中一条波光粼粼的河流，所以我们把它称为银河系。

**063** 银河系是由众多的恒星及气体、尘埃等星际物质组成的，并且绝大多数恒星都集中在银河星系扁平的圆盘内，旋臂位置是气体、尘埃和年轻的恒星集中的地方。

人们在地球上观测到的 ▶ 银河系是一个中间厚、边缘薄的扁平盘状体。银河系中心位置的凸出物主要是由一些巨大的红色恒星和大团气体构成的，周围围绕着恒星发出的光晕。

**与此相关** 古埃及人认为银河系是女神伊希斯泼洒在天空中的小麦粉。而古希腊神话则说，银河是赫拉在发现宙斯以欺骗的手段诱使自己喂食年幼的赫拉克勒斯后喷射到天空中的乳汁。

**064** 弯曲的旋臂使一些星系呈螺旋形。明亮的恒星和弯曲成螺旋形的发光气体云团组成了银河系的旋臂。银河系的旋臂主要有四条，分别是人马臂、猎户臂、英仙臂和三千秒差距臂。我们生活的太阳系在猎户臂上。

**065** 银河系在太空中不是静止不动的，而是会自转的。银河系在自转时，中心自转的速度比边缘还快。如果太阳以每秒220千米的速度环绕银河系转动，那么环绕一周大约需要2.5亿年。

# 数不清的星系

**066** 无法知道宇宙空间的运行规律，致使我们很容易错误地认为星系是杂乱无章地分布在宇宙中的。而事实并非如此，宇宙中星系的分布是非常稳定且有规律的，一个星系被包含在一个星系团中，而一个星系团则被包含在一个更大的超星系团中。

**067** 因为星系距离我们非常遥远，只有使用高倍望远镜才能清晰地分辨出各种不同类型的星系。目前发现的星系主要有三种类型：旋涡星系、椭圆星系和不规则星系。

▲ 椭圆星系

▲ 不规则星系

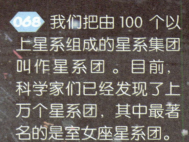

**068** 我们把由 100 个以上星系组成的星系集团叫作星系团。目前，科学家们已经发现了上万个星系团，其中最著名的是室女座星系团。

▲ 旋涡星系

**069** 星系在遇到一起时，并不会立刻发生碰撞。在一个星系中，恒星之间会有很大的空间。不过，当星系之间的距离非常接近时，就会因为互相吸引而变形。

**070** 星系离我们非常遥远，星系之间的距离是用光年来计算的。离我们所在的银河系最近的两个星系是大麦哲伦星系和小麦哲伦星系。

**071** 旋涡星系是由大量气体、尘埃和会发光、发热的恒星所组成的有旋转臂结构的扁平状星系。许多巨型星系都是旋涡星系，如我们所在的银河系和仙女座星系。

# 观测太空

**072** 在地球上，云团常常遮住群星，空气也处于不停流动的状态中，这就导致透过望远镜观测的画面模糊不清。哈勃空间望远镜便成功弥补了地面观测的不足，它位于大气层的上方，已经围绕地球运行了很长时间，并发回了许多美丽的照片。

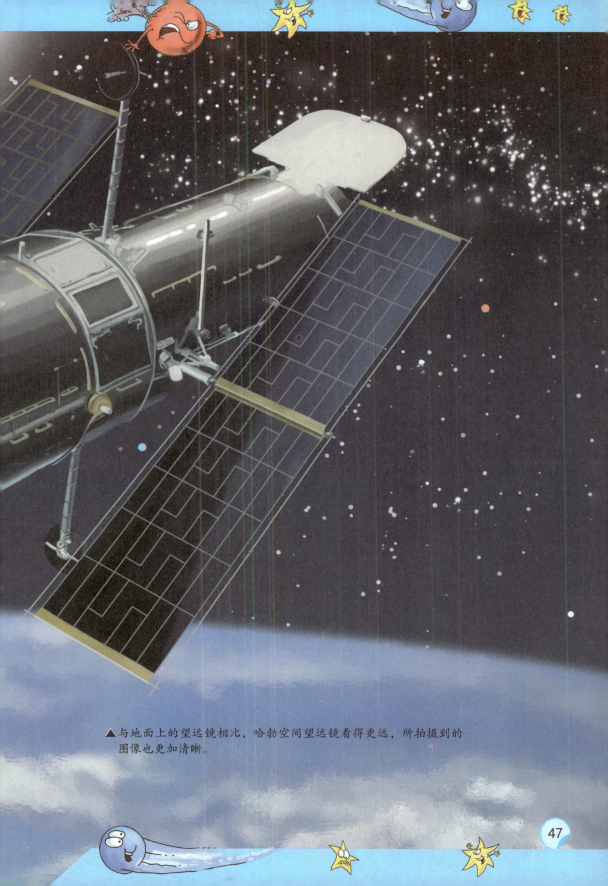

▲ 与地面上的望远镜相比，哈勃空间望远镜看得更远，所拍摄到的图像也更加清晰。

**073** 天文学家们并不是利用普通的望远镜观测，而是使用巨大的望远镜看我们肉眼无法看到的东西，大望远镜使物体看上去更大、更近，还能让我们看到模糊的发光气体、云团，甚至是遥远的恒星和星系。

▲ 大望远镜由巨大的穹顶保护着，穹顶可以开启。无论是穹顶还是望远镜，都能够向着不同的方向自由转动。

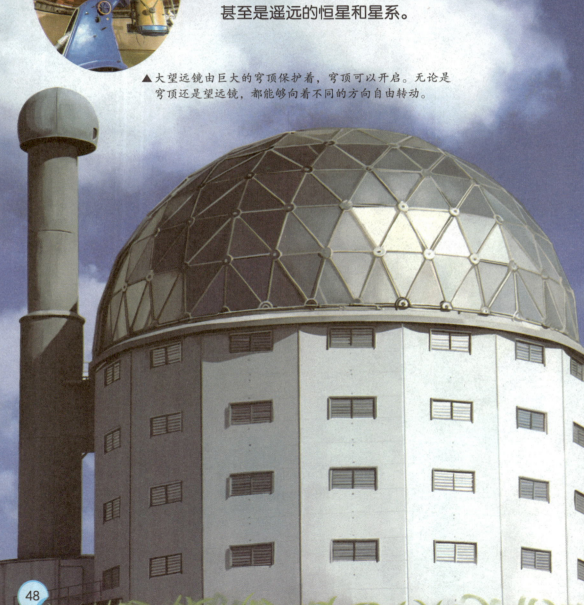

**074** 对于来自太空的无线电信号，天文学家们也相当关注。不过，他们到底利用什么收取这些信号呢？那就是一种外形像"碟子"的大型望远镜，这种望远镜最突出的特点就是利用来自太空的无线电信号拍摄照片，所得照片与普通望远镜拍摄的完全不同。不仅如此，射电望远镜还能看到普通望远镜无法看到的独特事物，如黑洞粒子喷发的景观。

▼射电望远镜的外形差别很大：有射电望远镜阵列，也有能够全方位转动的类似卫星接收天线的射电望远镜等类型。它们依靠成排的碟形天线收集来自太空的无线电信号。

# 进入太空的"交通工具"

**075** 火箭的速度很快，但是要想进入太空，它的速度就必须要达到大型喷气式客机速度的近 40 倍。若是火箭运行时低于这个速度，地心引力就会将火箭拉回地球。火箭通过燃料燃烧所产生的高温气体来维持自身动力，并依靠气体推动前进。

◀ "阿里安 5"运载火箭能同时发射两颗卫星。

▲ 火箭升空示意图

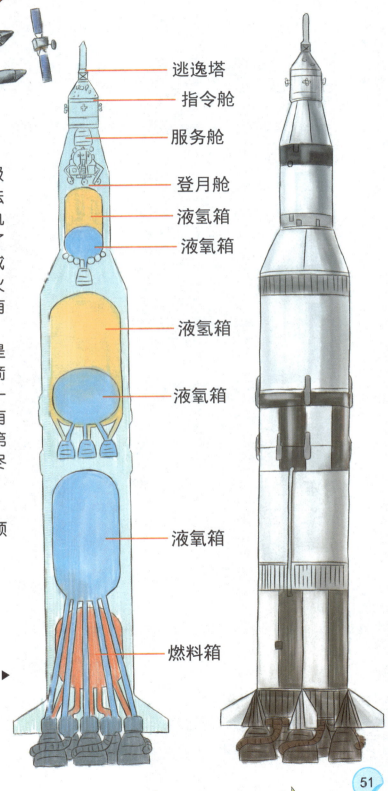

**076** 仅仅依靠单级火箭的力量是无法将物体送入太空轨道的。于是就有了所谓的二级火箭或三级火箭。多级火箭的各级之间也有不同的连接方式，最常见的一种就是将几个单独的火箭首尾相连组合在一起，每一级都装有自己的发动机。第一级火箭燃料用尽后便会自动脱落，第二级迅速启动。最后由第三级带领火箭飞入太空。

逃逸塔

指令舱

服务舱

登月舱

液氢箱

液氧箱

液氢箱

液氧箱

液氧箱

燃料箱

发动机会逐级点燃，让 ▶ 火箭不断加速，直到将卫星载入太空。

**077** 航天飞机是能够重复使用的、往返于太空和地面之间的航天器。航天飞机虽然叫作飞机，但它并不属于飞机的范畴，它的工作模式就像火箭一样发射升空。航天飞机上数个火箭的发动机所使用的燃料都来自一个巨大的燃料箱。不仅如此，还有两个大型助推火箭，帮助航天飞机提高速度。

航天飞机最早是由美国研发成功的，为人类自由进入太空提供了便利。▶

▲航天飞机放下轮子，降落在跑道上。

**078** 返回地球的航天飞机在长长的跑道上着陆，像是一架巨大的滑翔机。不过，航天飞机并不像飞机那样依靠发动机着陆。它的着陆速度非常快，飞行员在开启制动装置的同时，还要利用降落伞作为辅助力使它停下。

**原来如此**

航天飞机不仅能够在天地间运载人员和货物，凭借它本身容积大、可多人乘载和有效载荷量大的特点，还能在太空中进行大量的科学实验和空间研究工作。

# 生活在太空

手动操作单元

摄像机

遮光板

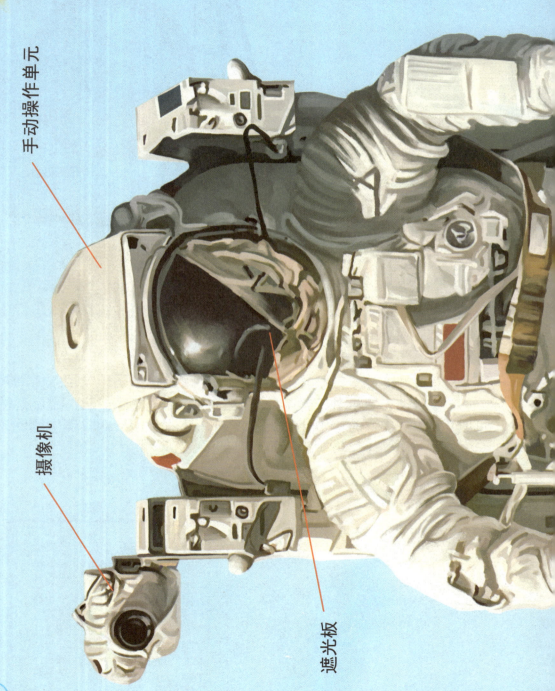

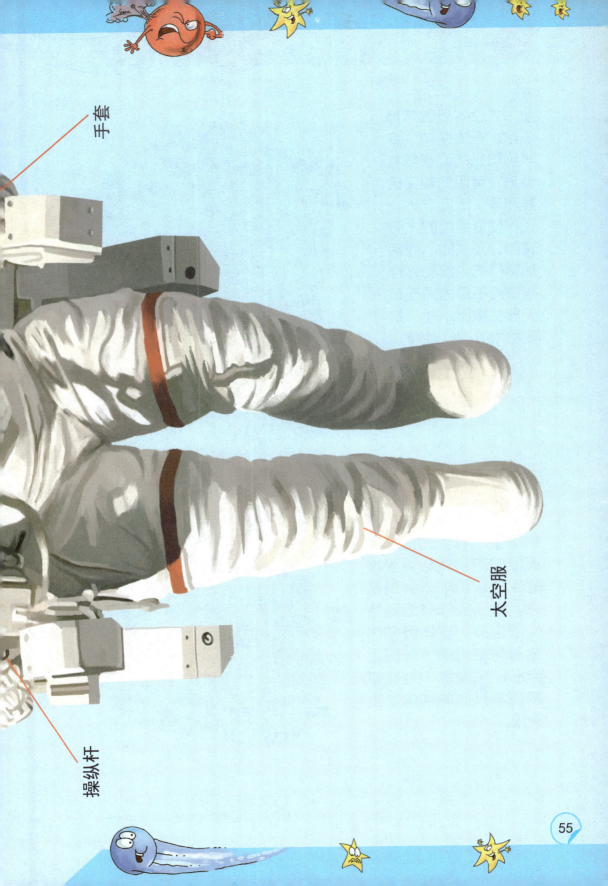

手套

太空服

操纵杆

**079** 太空本身就充满危险。在太空中，接收到阳光的位置异常炎热，背阴处却又极其寒冷，除此之外，还伴随着危险的太阳辐射。那些微小的疾速穿行的尘埃和碎片能够毫不费力地在航天器上撞出小孔，致使舱内的空气泄漏。

**080** 在太空中所有物体都会四处飘浮，就像没有重量一样。因此，航天器中的物体都需要被固定住，否则就会飘起来。除了工作时的固定位置之外，宇航员在休息时需要用睡袋来固定自己，这样就不会在熟睡后与其他的物体发生碰撞。

▲ 宇航员的睡袋是能够固定在墙上的，所以在我们看来宇航员像是在站着睡觉。

**081** 宇航员在舱外进行活动时，需要太空服来保护自己。为了保证结实，太空服设计了很多层，虽然看起来庞大、笨重，但这里存储着供宇航员们呼吸的氧气，还能够防止高低温、太阳辐射等环境因素对人体所造成的危害。太空服内还装有水管，水的循环流动可以带走内部的热量。

**082** 为了在没有空气、水和食物的太空中生存，宇航员们要带上生活必需品。其中携带的食物大多都是压缩的，这样可以减轻航天器的载重量。

▲如果不穿太空服，宇航员就会因为体内与体外的压差悬殊而出现生命危险。

# 太空里的家

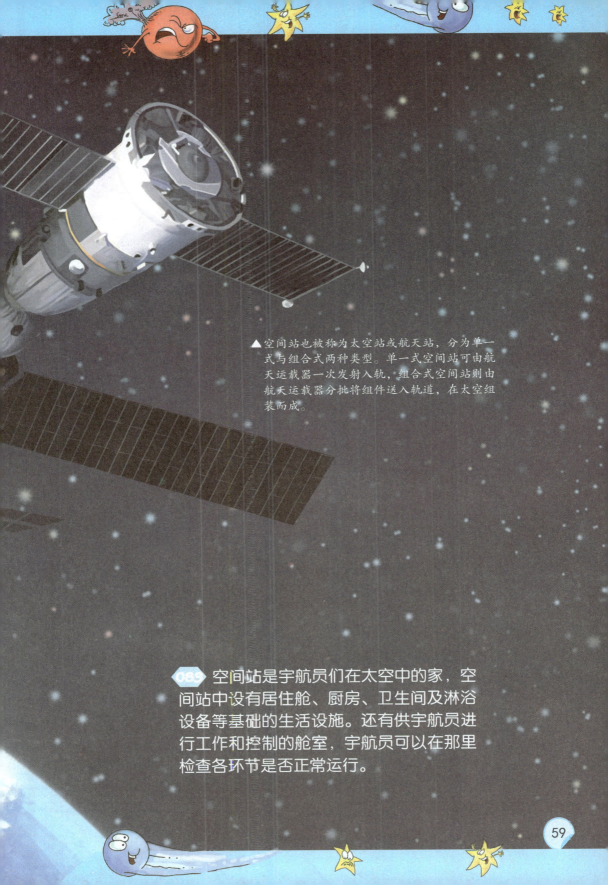

▲空间站也被称为太空站或航天站，分为单一式与组合式两种类型。单一式空间站可由航天运载器一次发射入轨，组合式空间站则由航天运载器分批将组件送入轨道，在太空组装而成。

089 空间站是宇航员们在太空中的家，空间站中设有居住舱、厨房、卫生间及淋浴设备等基础的生活设施。还有供宇航员进行工作和控制的舱室，宇航员可以在那里检查各环节是否正常运行。

**084** 人们正在太空里修建国际空间站，这是迄今为止最大的空间站，由美国、俄罗斯、日本、加拿大、巴西及多个欧洲国家等参加协助建造。它由多个叫作"舱"的独立单元拼在一起组装而成。

**085** 空间站需要一步一步地建造。航天飞机每次只能携带一个舱进入太空。然后，宇航员用一架遥控式机械臂把它们送到适当的位置，再穿上宇航服去完成组装工作。安装好的巨大太阳能电池板将太阳能转化成电能，为空间站提供电能。

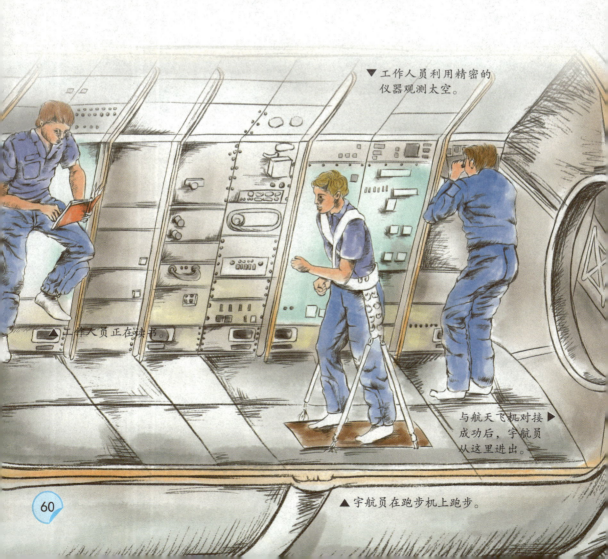

▼ 工作人员利用精密的仪器观测太空。

▲ 工作人员正在读书。

与航天飞机对接 ▶ 成功后，宇航员从这里进出。

▲ 宇航员在跑步机上跑步。

**086** 太空中的空间站离不开地面控制中心的监控。在地面控制中心，指挥发射的工作人员通过计算机屏幕，观察宇宙飞船的飞行过程。 地面控制中心还和空间站中的宇航员随时保持联系，一旦发现问题，地面控制中心就会立即处理，排除障碍，保证空间站的正常运行。

**087** 进入国际空间站的宇航员们每次都要在那里住上几个月。

▼国际空间站能够有规律地绕地球运行十几年。

# 独特的"探险家"

**088** 航天器在地球大气层以外运行，摆脱了大气层的阻碍，可以接收到来自宇宙天体的全部电磁辐射信息。与此同时，飞行在太空中的探测器能够获取近距离的图像和数据，并将它们传回地球。

▼ "海盗号"探测器取得了火星的土壤标本，把土壤放到着陆器的特殊实验室中，用碳14作为示踪原子，并用仪器来寻找有机化合物的痕迹，结果未能找到有微生物存在的迹象。

**089** 1975 年，美国发射了两个"海盗号"探测器，用于探测火星上是否有生物的存在。而探测结果显示，没有发现任何生命迹象。从发回的数万张火星表面的图像传真照片来看，那里只是一片干燥的、遍地尘土的红色沙漠。

**090** "火星探路者号"于 1997 年在火星表面着陆。着陆成功后，便开舱放出了"旅居者号"探测器。这台探测器就像一个六轮的遥控汽车，它按着预定的路线在着陆点周围缓慢地行驶，并对火星上的土壤和岩石进行检测，探知它们的构成。

▼ 这台"旅居者号"探测器实际上只有微波炉一般大小。

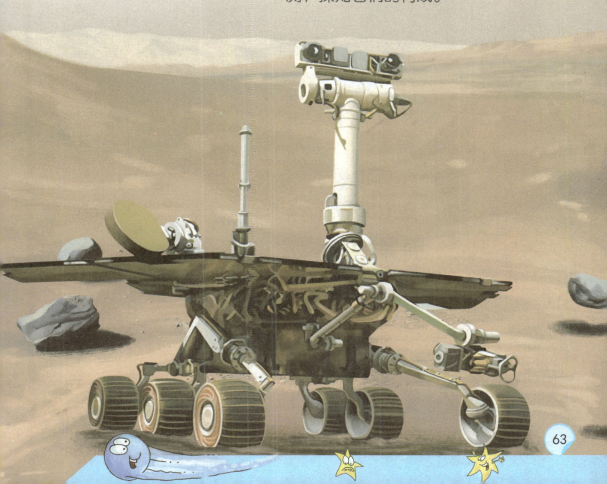

**091** "旅行者号"探测器是1977年美国发射的两台行星探测器。两台探测器的原有名称叫作"水手11号"和"水手12号"。它们巧妙地利用巨行星的引力作用，可以同时探测多颗行星及其卫星。

▼ "旅行者2号"成为旅行者计划中"旅行者1号"的姐妹探测器，这两个姐妹探测器沿着两条不同的轨道飞行。

 **与此相关** "旅行者1号"和"旅行者2号"两台行星探测器于1979年飞经木星，又继续飞向土星。之后，"旅行者2号"探测器又继续前进，到达天王星后，又抵达海王星。

**092** "伽利略号"探测器于1989年升空，1995年12月抵达环木星轨道，它是行走距离较远的"探险家"。"伽利略号"在到达木星后，将一台小型探测器投入到木星的云层之中，根据照片显示，在木星的其中两颗卫星上，可能有水掩藏在比南极冰层还厚的冰层下。

▼ "卡西尼号"探测器的主要任务是环绕土星飞行，对土星及其大气、光环、卫星和磁场进行深入考察。

**093** "卡西尼号"探测器，这是20世纪最后一艘行星际探测的大飞船。

# 观测地球的仪器

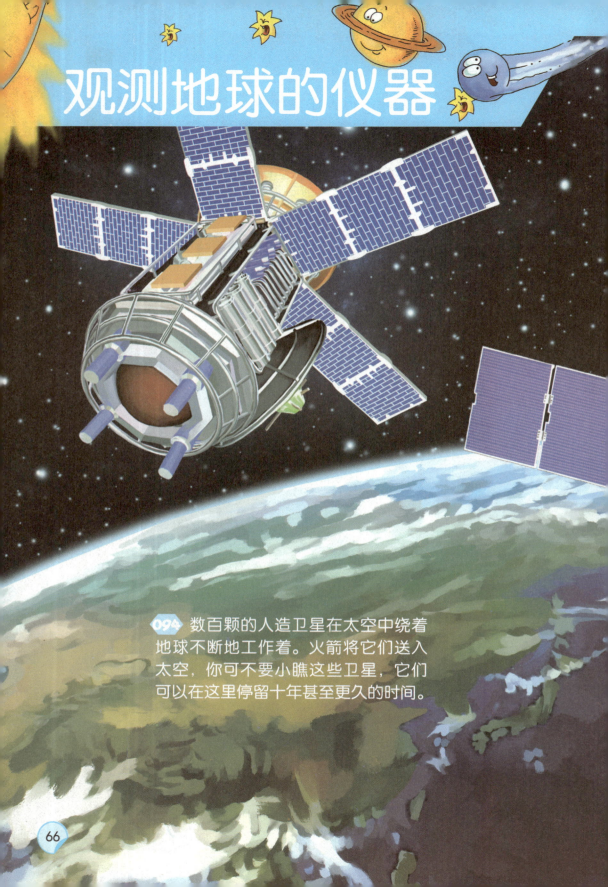

094 数百颗的人造卫星在太空中绕着地球不断地工作着。火箭将它们送入太空，你可不要小瞧这些卫星，它们可以在这里停留十年甚至更久的时间。

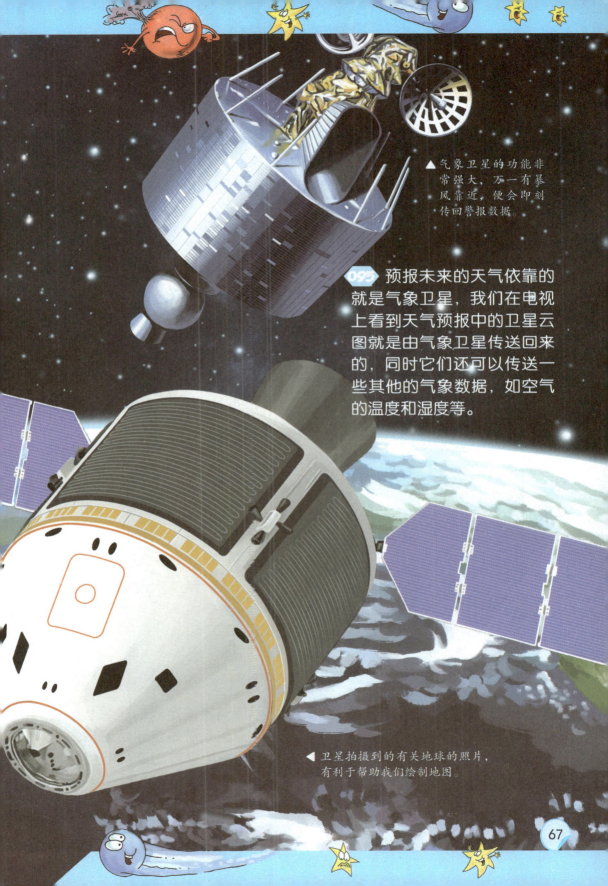

▲ 气象卫星的功能非常强大，万一有暴风靠近，便会即刻传回警报数据。

**095** 预报未来的天气依靠的就是气象卫星，我们在电视上看到天气预报中的卫星云图就是由气象卫星传送回来的，同时它们还可以传送一些其他的气象数据，如空气的温度和湿度等。

◀ 卫星拍摄到的有关地球的照片，有利于帮助我们绘制地图。

**096** 电视节目和电话信息就是由通信卫星传送到世界各地的。地球上的大型天线将无线电信号发送给太空中的卫星，卫星便充当一个"国际信使"的角色，再将信号"投递"给地球上的另一架天线。这样我们就能够与地球另一端的人进行交谈，也能够观看其他国家所发生的事件。

◀ 通信卫星

**097** 导航卫星可以帮助航海者、飞行员和旅游者确定他们在海上、空中或陆地上的位置。应用最为广泛的导航卫星系统是全球定位系统，它是依靠 24 颗卫星组成的一个网络，该网络能够发出准确的信号，以告知使用者所处的位置。

◀ 观测卫星

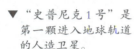
▼ "史普尼克1号"是第一颗进入地球轨道的人造卫星。

**098** 观测卫星能够观测到地球的污染情况。海上浮油生物和城市上空的污浊空气都能够在观测卫星拍摄到的照片上显示出来。除此之外，它们还可以轻松地从太空中确定森林火灾和可能威胁船只的冰山的位置。

**099** 1957年10月，苏联成功发射人类的第一颗人造卫星——"史普尼克1号"，它是用于探测温度和气压的。

**100** 我们发射的人造卫星，在太空中总是会按照一定的轨道绕地球飞行，不会从空中掉下来，这是因为卫星在地球上空高速运行。如果卫星速度降得很低的话，它就会落回地球，到达地球大气层的时候，它会像流星一样燃烧。

# 月球的秘密

**101** 月球的运动十分复杂。月球时刻围绕着地球进行公转，同时月球也在自转，并与地球一起绕太阳公转。由于月球的自转与公转同步，因此月球总以同一面对着地球，这一面习惯上被我们称为正面。

**原来如此**

月球是产生潮汐的重要原因，不仅如此，月球还能够使地球产生磁场。

▲ 月球

**102** 当月球形成固体外壳之后，就不断遭到来自宇宙空间陨星的撞击，大大小小的陨星撞击月球的结果，就是在月球表面上留下了许多环形山。

月球表面上的环形山 ▶

**103** 月球与地球一样，是个岩石球体，它从外向内可分为四层，分别是月表、月壳、月幔、月核。由于月球的引力较小，无法吸引住大气，因而没有形成大气层。所以声音在月球上无法传播，那里是一个寂静无声的世界。

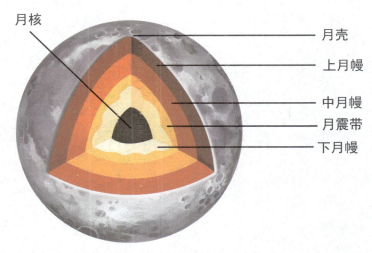

月核
月壳
上月幔
中月幔
月震带
下月幔

▲ 月球构造示意图

# 去月球旅行

**104** 1969 年，人类首次登上了月球。他们是执行"阿波罗 11"号任务的三名宇航员，分别是尼尔·奥尔登·阿姆斯特朗、巴兹·奥尔德林、迈克尔·科林斯，其中阿姆斯特朗是第一个踏上月球的人。

**105** 月球的直径约为 3476 千米，是环绕地球运行的一颗固态行星。它的表面积约为 3800 万平方千米，只有地球表面积的 1/14。也许，不久的将来人类将把月球变成生活的乐土，那么"世界"对人们来说则不仅仅是地球，月球也将成为当之无愧的世界"第八大洲"。

◀地球与月球相距约 40 万千米，这个距离相当于绕地球 10 圈。

**106** 登月舱是用来载送宇航员在月球轨道上的飞船和月球表面之间往返的交通工具。当登月舱载着三名宇航员中的两名到达月球表面，两名宇航员在安全着陆后，立即穿好宇航服，到舱外收集岩石标本。之后返回登月舱，与留在指挥舱的第三名宇航员会合。

▼登月舱会与指挥舱一起飞向月球，然后为了登月而与指挥舱分离。

**107** 图中的这辆车看上去与婴儿车有些类似，但它可不是婴儿车，而是宇航员们在月球上使用的月球车。它装有四个轮子、两个座位。月球车的速度并不是很快，你跑着就能跟得上它。

**原来如此**

最后一次"阿波罗"计划在 1972 年完成，宇航员们已经造访了月球上 6 个不同的地方，并带回了足够科学家们研究很多年的月球岩石。

**108** "土星 5 号"运载火箭也被称为月球火箭，它主要负责将宇航员送往月球。"土星 5 号"运载火箭是仅次于"能源号"运载火箭推力的第二大运载火箭。它的三级巨型火箭的前两级把宇航员送入太空。最后，第三级火箭为航天器提供动力，把它送往月球。

▼月球车主要用于扩大宇航员的活动范围和减少宇航员的体力消耗，并且能够方便存放宇航员所采集的岩石和土壤的标本。

# 神秘的 SETI 计划

**109** "SETI" 其实是 "寻找外星智慧生物" 的英文缩写，又被称为 "凤凰计划"。主要通过大型电子天文望远镜探测接收外太空的 "声音"，包括背景辐射、星体发出的电波及其他杂音，从中分析有规律的信号，希望借此发现太空文明。

▲ 人们想象中的外星生物

**110** 自 20 世纪 50 年代以来，人类在不断地探索地球以外的智慧生物，这些探索主要通过接收和研究来自太空的电磁波信号，并利用宇宙飞船携带地球信息或者主动向太空发射信号来寻找外星智慧生命。

▲神秘莫测的宇宙

# 有外星人吗?

**111** 在地球上，无论是寒冷的南北极还是酷热干燥的沙漠，抑或是望不到边的海洋，到处都有生命的存在。这些生命有的体态庞大，有的却小到肉眼都很难发现。不过，所有的生物生存都离不开水源。

**112** 2013年12月11日，美国航空航天局宣布，在木星的卫星欧罗巴表面上发现了黏土质矿物，这种物质也许能够孕育新生命。

**113** 木星的卫星欧罗巴比地球的卫星月球要稍小一些，它的表面布满了冰层。天文学家们便以此作为依据，推断可能有一片汪洋大海掩盖在冰层的下面。如果真如他们推断的那样，一些奇特的生物可能正在我们看不见的地下海洋中四处游动呢!

▲ 深入欧罗巴卫星裂开的冰封表面之下，
那里的温度足以将冰融化成水。

**114** 天文学家们曾观测到火星上有干涸的河床和与海岸相似的脊状突起。因此，他们认为火星在很久以前是温暖湿润的，并极有可能有生命存在。可现在的火星不仅寒冷而且干燥，并未发现有关生命的迹象。

▲ 火星是太阳系由内向外数的第四颗行星，也是太阳系中除地球之外最可能存在生命的星球。

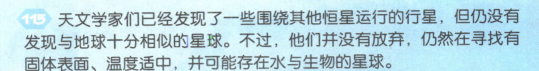

**115** 天文学家们已经发现了一些围绕其他恒星运行的行星，但仍没有发现与地球十分相似的星球。不过，他们并没有放弃，仍然在寻找有固体表面、温度适中，并可能存在水与生物的星球。

**116** 美国曾利用设在波多黎各的、直径为 305 米的巨型射电望远镜，对准武仙座球状星团发射了人类第一组信号，他们希望能有生活在那里的生物读懂这些来自地球的信息，然而信息估计 2.5 万年后才可以到达那里，而回应信息也需要同等的时间才能返回地球。

▼没有人知道地球以外的行星究竟是什么样子，它们可能有着独特的颜色和光环。射电望远镜可以帮助我们观测到这些未知的行星世界。

# 有趣的星座

**117** 早在远古时期，人们为了认识和记录恒星，就按恒星在空中的分布将它们划分成不同的区域。将同一区域内的主要星体联系起来，组成固定的图案，就是星座。

**118** 国际上将恒星划分为 88 个区域，称为 88 个星座。其中部分星座是以动物的名称命名的，如大熊星座。还有一些与神话故事相关的星座名称，如摩羯座。

▲ 大熊座

▲ 摩羯座

**119** 为了便于认识星座和星星，天文学家们像画地图那样，把星星画成了两张圆形的星图。最中央的星座是站在南极和北极时位于正上方的星座，而靠近图边缘的是在比较靠近地平线的地方观测到的。

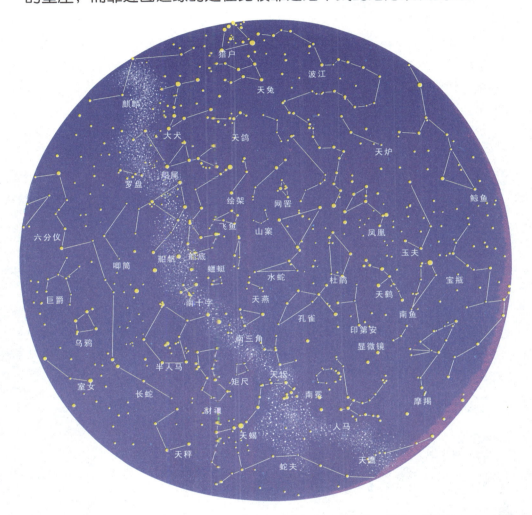

▲ 观测同一星座中的星星，好像它们到我们的距离都是一样的，但实际上，有的星星距离我们较近，有的则距离我们非常遥远。我们看见的是它们在天空上的视觉位置，和它们之间的实际距离是不一样的。它们在夜空中形成的图形只是人们的一种想象。

**120** 北极星是人们很久以前就熟知的星星，它就像茫茫海洋上的灯塔。北极星几乎是不动的，所有的星星都围绕着北极星运转，所以很早就有"众星拱极"的说法。

# 神奇的流星雨

**121** 每年在全球各地会发生多次可观测到的流星雨，但亮度较高、规模较大的流星雨只有几次，比如夏季的英仙座流星雨和冬季的狮子座流星雨就是其中较为有名的。

**122** 成群的流星形成了流星雨，流星雨看起来就像从夜空中的某一点迸发并坠落下来。这一点或是这一块区域叫作流星雨的辐射点。通常情况下，以流星雨辐射点所在区域的星座给流星雨命名，以区别来自不同方向的流星雨。

**123** 有的流星雨在较短的时间内，同一辐射点中可以迸发出成千上万颗流星，形成节日中人们燃放的烟花那样壮丽的景象。当每小时出现的流星数超过 1000 颗时，我们称之为"流星暴"。

**124** 天文学家们一般把偶然出现的零星流星称为偶发流星。偶发流星完全随机出现，通常在一夜之内，人们大约能看见 10 ~ 20 颗偶发流星。

▲ 大部分的流星体事实上比沙砾还要小，所以，这些流星体基本都会在大气层内被销毁，不会撞击到地球表面。

**125** 除八大行星之外，其余一些较小的天体也在围绕着地球进行公转。在经过地球附近时，它们闯入地球大气层的速度可能达到每秒钟几十千米。由于与地球大气发生剧烈摩擦，动能转化为热能，引起物质电离发出耀眼的光芒，这便是我们看到的流星。

# 吞噬一切的黑洞

**126** 黑洞并不是通常意义下的星体，而是空间的一个区域，一种特殊的天体。它具有强大的引力场，任何东西，包括光在内，都无法逃脱它的"手心"。

▼ 在黑洞周围，时空的扭曲变形是非常大的。

**127** 天鹅座 X−1 于 1965 年被发现，经研究证实，这是一个明亮的蓝色星体，它还有一颗看不见的伴星，这颗伴星质量是太阳的 5 ~ 8 倍，但人们看不到它所在的位置。天鹅座 X−1 向内螺旋式释放着巨大热量，喷射出高能量 X 射线和伽马射线，是人类发现的第一个黑洞候选天体。

**128** 宇宙中的大部分星系都有一个超大质量的黑洞，这些黑洞质量大小不一，相当于 100 万个到 100 亿个太阳的质量不等。而黑洞每隔一亿年才会吞噬一颗恒星，因此科学家认为，这个黑洞的质量比预计更大。

▼ 天鹅座 X−1

**129** 黑洞是宇宙空间存在的一种密度无限大、热量无限高、体积无限小的天体，它是由质量足够大的恒星在核聚变反应的燃料耗尽而"死亡"后，发生引力坍缩产生的。当黑洞"打嗝"时，就意味着有某个天体被黑洞吞噬，黑洞依靠吞噬落入其中的物质"成长"，当黑洞"进食"大量物质时，就会有高速等离子喷流从黑洞边缘逃逸而出。

▲ 人类首次抓拍黑洞
吞噬星球的瞬间

**190** 黑洞吞噬周围物质的方式有两种：一种是拉面式。当一颗恒星靠近黑洞时，很快就会被黑洞的引力拉长成面条状的物质流，迅速被吸入黑洞中，同时产生巨大的能量。另一种是磨粉式。当一颗恒星被黑洞"抓住"之后，就会被其强大的潮汐力"撕"得粉身碎骨，然后被吸入一个环绕黑洞的抛物形结构的盘状体中，在不断旋转的过程中被黑洞慢慢"享用"，并能够产生稳定的能量辐射。

▼黑洞通过吸积方式吞噬周围的物质，这可能就是它的成长方式。

# 宇宙中的弱肉强食

**131** 星体之间存在着互相"吞食"的现象，星系之间也存在这种现象。有一种理论认为，宇宙中的椭圆星系就是由两个旋涡状的扁平星系互相碰撞、混合、吞噬而成的。

▼星系的碰撞与合并

▲ 恒星吞噬恒星

**192** 恒星之间也会互相"残杀"。这两颗恒星靠得很近，相互围绕对方旋转运动，其中一颗大的恒星时刻都在吞噬比它小的那颗恒星。大恒星把小恒星的外层物质剥下来吸到自己身上，使自己越来越"胖"，体积和质量不断增大。而那颗被吞噬的恒星，则变得越来越"瘦"，现在只剩下一个光秃秃的星核了。

▲ 恒星吞噬行星

**193** 恒星向绕着自己旋转的行星提供光和热，但有时也会吞噬它们。研究人员利用高精度光谱仪分析了一颗周围有两颗行星的恒星HD82943，并与其他恒星进行比较。结果发现，在HD82943的光谱里有锂元素的同位素锂6的谱线，而另一颗恒星没有。这种元素虽然在行星中很常见，但在恒星中非常罕见，因为在恒星诞生不久之后，其中的锂6就会燃烧殆尽。

# 宇宙中的 "长发美女"

**134** 彗星由彗头和彗尾两部分组成，彗头包括彗核和彗发。彗核是彗星的主体部分，主要由岩石和气体构成。

◀彗核通常被认为是彗星中心的固体部分。

**135** 当彗星靠近太阳时，太阳的热量会使尘埃和气体的云雾围绕着彗核，形成我们平时所说的 "彗发"，彗发的外形和人的一缕头发非常相似。太阳风会把这些彗发吹成巨大的尾巴，这条尾巴能够反射太阳光。

**136** "深空1号" 探测器于1998年发射升空，主要是用来探测小行星与彗星的计数，并收集彗星的尘埃物质。于2001年12月18日结束了它为期3年的使命。

▲ 美丽的彗星

**197** 彗星的解体有破裂和爆发两种情况。当彗星运动到太阳附近时，高温使它的挥发性物质迅速汽化，形成我们所看见的彗发和彗尾。此时的彗核仍时常发生喷发，有大量物质脱落。严重时，整颗彗星都会分裂。

◀ "深空 1 号" 探测器

**与此相关** 有时彗星会有两条尾巴，一条是细直的气体尾巴，另一条是较宽较弯曲的尘埃尾巴。

# 美丽的地球

**138** 地球是目前宇宙中已知存在生命的唯一天体，是上百万生物的家园，已有 46 亿年的高龄。

地球并不是我们想象中的圆球 ▶
形，而是一个两极略扁、赤道
稍鼓的不规则椭圆球体。

**159** 准确来说，地球是一颗巨型的岩石星球。地球表面三分之二的部分都被水覆盖，这些水就是海洋，没有被海洋覆盖的部分是陆地。

▼ 地球上 71% 为海洋，被大量的海水覆盖，所以我们所看见的地球是蓝色的。

**与此相关** 地球的外围被厚厚的大气层包围，与地表的水圈一起，为地球的生命提供必要的能量。

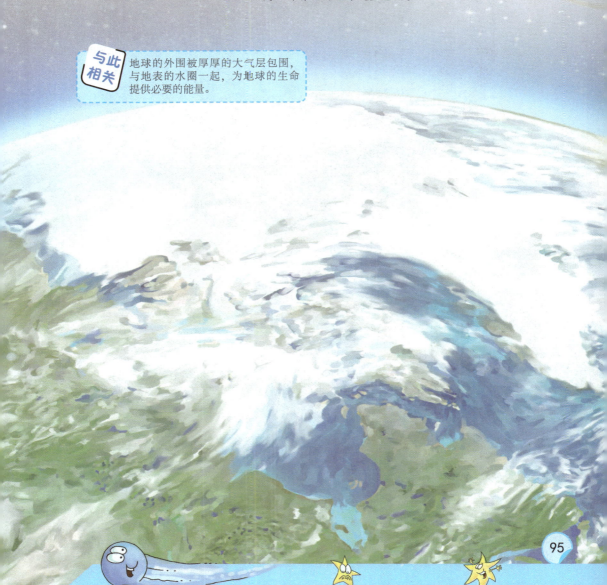

# 地球从哪里来?

▲ 地球是人类赖以生存的家园。它的演化大致可以分为三个阶段：第一阶段是地球圈层的形成时期；等到第二阶段时，地球会不间断地向外释放能量，经过一定的过程形成了原始海洋；第三阶段虽然时间短暂，但是生物繁盛，地质的变化也十分迅速。

**140** 46 亿年前，地球诞生了，但它并不是现在的样子，而是由一团气体和尘埃组成的巨大云团演变而成。一颗紧邻云团的恒星发生爆炸，使云团旋转起来，随着云团的不断旋转，气体在中心聚集，形成了太阳。尘埃围绕在太阳的周围运行并聚集成无数岩石块，它们互相碰撞形成行星，地球就是其中的一颗。

云团不断旋转 ▶

**141** 衰老的恒星在发生爆炸或者不再闪耀时，残余物质会形成气体尘埃云，新的恒星和它们的行星就在这些气体尘埃云中形成。

**142** 地球上曾经有一块巨大的陆地，如今它早已分裂成七块，就是现在的七大洲。

**143** 最初的地球温度极高，并像太阳一样发出炙热的光芒。后来，当地球形成时，内部的岩石就融化成了液态。新生的地球事实上就是一个被薄薄的硬壳包裹的熔岩球。

**144** 火山爆发时喷涌而出的岩浆，就是来自地幔。地幔中的岩浆非常活跃，每分每秒都在不停地流动，影响到地壳的时候，就会造成地震和火山爆发。

**145** 曾经有大量的陨石撞击过地球，并留下了撞击的痕迹，而月球也没能幸免。自从人类成功登上月球以后，科学家们获得了很多关于月球表面的珍贵照片。从照片上可以看到月球上分布着很多陨石坑，大型的陨石坑又称为环形山。

▲ 月球表面的陨石坑

◀ 火山爆发时喷出的大量火山灰和火山气体会对气候造成极大的影响，火山灰和火山气体被喷到高空中去，会随风飘到很远的地方，这些火山物质会遮住阳光，导致气温下降。火山爆发喷出的大量火山灰和暴雨结合形成泥石流，能冲毁道路、桥梁，淹没附近的乡村和城市。

# 地球自转

**146** 地球就像是一个不断旋转着的巨大的陀螺，但与陀螺不同的是：地球并不是竖直在旋转，而是偏向一侧倾斜地旋转着。

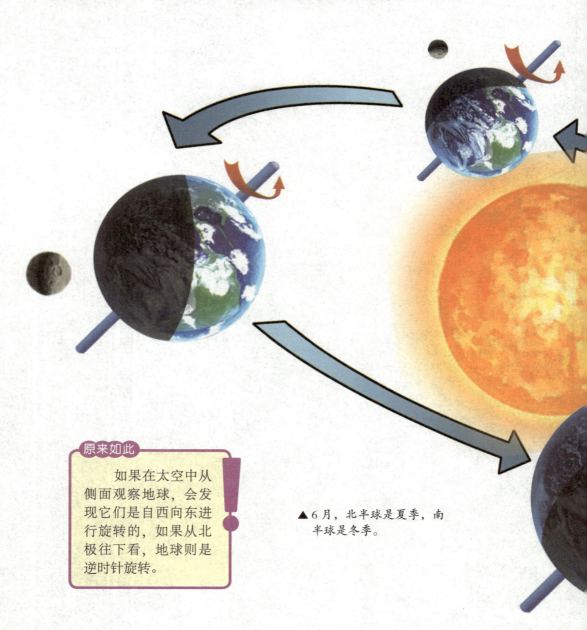

原来如此

　　如果在太空中从侧面观察地球，会发现它们是自西向东进行旋转的，如果从北极往下看，地球则是逆时针旋转。

▲ 6月，北半球是夏季，南半球是冬季。

 地球自转一周的时间约为 24 小时，我们把这个周期称作 1 天。

**148** 为什么我们会经历白天与黑夜呢？这都是因为地球的自转所产生的。每一天，地球的每个部分都会依次转向太阳，然后再慢慢转离，面向太阳的部分就是白天，相反则是黑夜。

◀ 地球自转

**149** 地球自转还会导致地球上任意方向水平运动的物体与最初的方向发生偏离。假设我们以运动物体的前进方向为准，北半球的水平物体偏向右方，南半球则相反。

# 地球表面

**150** 大气层包裹着地球，像一个巨大的温度调节器和紫外线过滤器，时刻保护地球生物不受温度和紫外线的伤害。大气层厚约 1000 千米，从低到高依次为对流层、平流层、中间层、暖层和散逸层。

▲ 地球被大气层包裹着。

**151** 陆地面积占地球表面积的29%，海洋面积占地球表面积的71%。我们常说的"三分陆地，七分海洋"，就是描述地球表面陆地和海洋所占的比例。

陆 地（29%）　海 洋（71%）

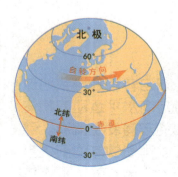

▲ 纬线

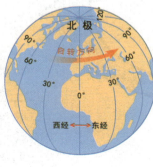

▲ 经线

**152** 人们假设地球表面有很多的线，这些线中有的与赤道平行，有的连接南北两极并与赤道和纬线垂直，与赤道平行的线称为纬线，连接南北两极的线称为经线。

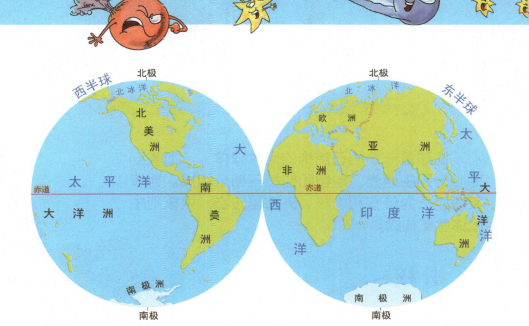

西半球 北极 北冰洋 北美洲 大西洋 太平洋 赤道 大洋洲 南美洲 南极洲 南极

东半球 北极 北冰洋 欧洲 亚洲 非洲 赤道 印度洋 太平洋 大洋洲 南极洲 南极

▲ 全球海洋以陆地和海底地形线为界线，一般被分为四个主要的大洋：太平洋、大西洋、印度洋和北冰洋。海洋对地球的气候起到很重要的调节作用。

**153** 地球上共有六块大陆：**亚欧大陆、非洲大陆、北美大陆、南美大陆、南极大陆、澳大利亚大陆。**

**与此相关** 亚欧大陆是面积最大的大陆，澳大利亚大陆是面积最小的大陆，南极大陆是最寒冷的大陆。

# 地球内部

**154** 地球是一个岩石结构的巨大球体，从地表到地心分别由地壳、地幔和地核三部分组成。地核又可以分为外核和内核。外核呈液态，内核则由固体金属构成。

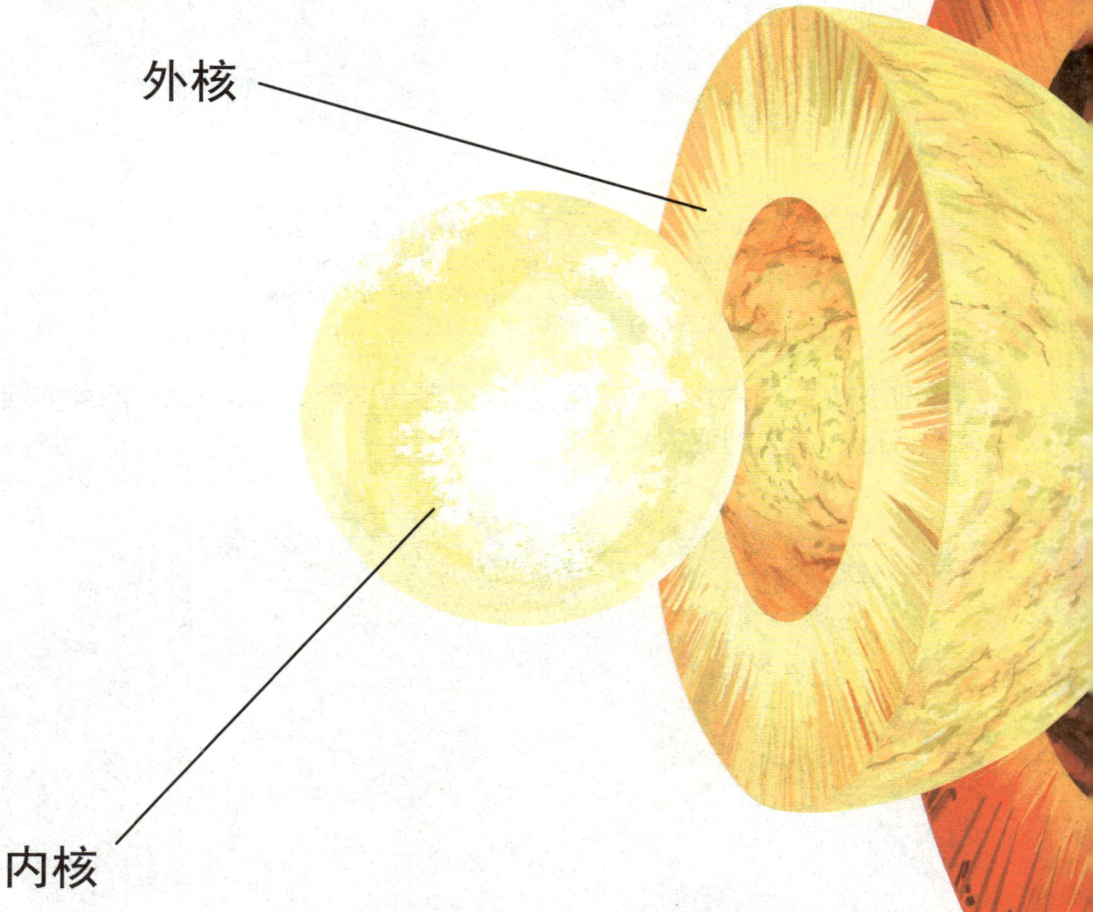

外核

内核

**155** 一层炙热的液态铁和镍围绕着内核流动，这便是外核。随着地球的不断自转，金属内核和液态外核都在以不同的速度运动。

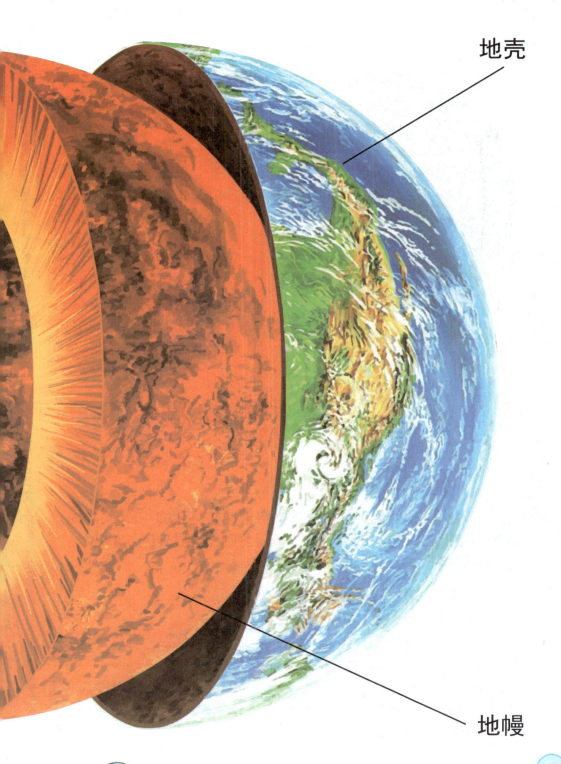

地壳

地幔

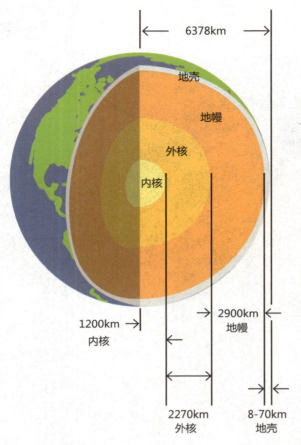

6378km

地壳

地幔

外核

内核

1200km
内核

2900km
地幔

2270km
外核

8-70km
地壳

**156** 内核主要由铁构成，另外还有少量的镍。内核的温度高得令人不可思议，6000℃的高温足以使金属熔化。但地球的内核为什么仍然是固态呢？这是由于地球其他部分重重地向下挤压所导致的。

**157** 地球外地核的温度范围大约从接近地幔外侧的 4000℃向内增加至接近内核的 6100℃，内核的温度则由交界处的 6300℃递增至地球中心的 6800℃。

**158** 地幔的厚度约为 2900 千米，位于地核和地壳之间，算得上地球最大的部分。地幔靠近地壳的部分是由移动缓慢的岩石组成，上地幔的移动方式类似于牙膏被挤压时的运动方式。

原来如此

地球上共有七个大洲，分别是亚洲、欧洲、非洲、北美洲、南美洲、大洋洲和南极洲。

**159** 地壳就是覆盖在地球表面的最外圈层。整个地壳的平均厚度约为17千米，其中，大陆地壳的厚度较大，主要成分是花岗岩。海床部分的地壳则比大陆地壳厚度要小很多，主要成分是玄武岩。

▲ 地壳主要由各种硅酸盐类岩石构成。

**160** 地壳被分为很多板块，有些板块的大部分被海洋覆盖，如太平洋板块。板块上的陆地区域叫作大洲。

**161** 地壳下缓慢移动的地幔使地球表面的板块发生移动，板块上的大洲也随之漂移。有些地方的板块会因漂移而相互碰撞，而有些板块则会日渐分离。

▲ 地幔层的岩浆始终处于流动的状态，一旦影响到地壳，就会发生剧烈的地震和火山喷发。

# 地球磁场"翻跟头"

**162** 几百年前，人们发现，地球本身是一个类似磁铁的大磁场，磁北极是地球的南端，磁南极是地球的北端。

▼ 太阳风与地球磁场的正面"较量"。

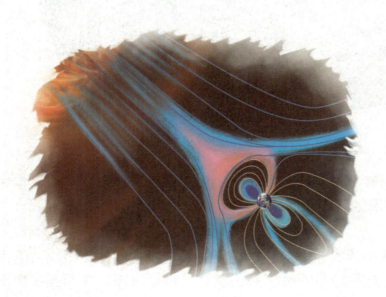

**163** 太阳风磁场对地球磁场施加作用，好像要把地球磁场从地球上吹走似的。但在穿过地球的过程中，太阳风受到了地球磁场的阻拦，只好绕过地球磁场继续向前运动，使得地球表面形成了一个被太阳风包围的、彗星状的磁场区域，我们称它为磁层。

**164** 法国科学家布容曾在法国司马夫中央山脉地区对当地火山岩进行考察时，意外地发现那里岩石的磁性与磁场的方向是相反的。此后，这一类现象被越来越多地发现，人们终于得出结论：地球的磁场并非永恒不变的，现在位于南端的北磁极会转到北端去，而位于地球北端的南磁极则会转到南端去。这就是物理学家所称的"磁极倒转"。

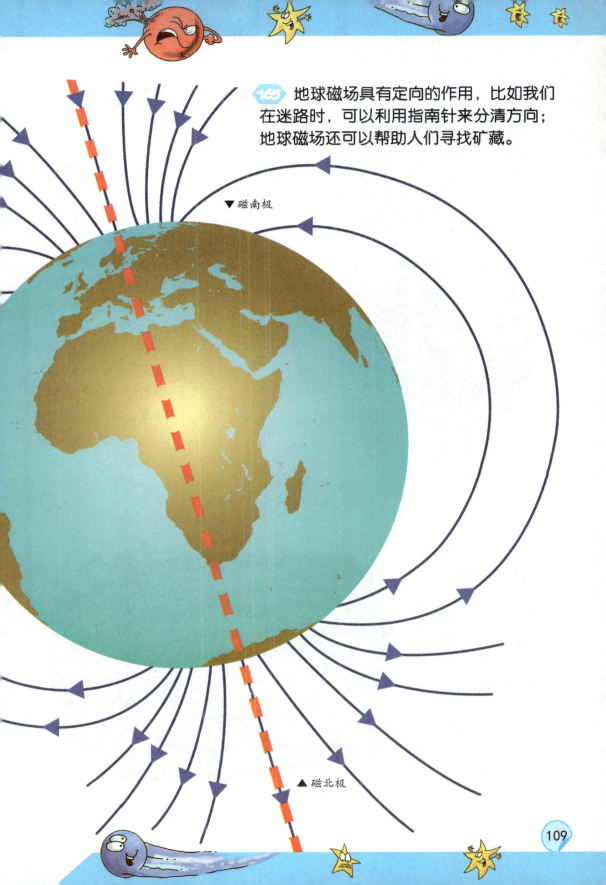

165 地球磁场具有定向的作用，比如我们在迷路时，可以利用指南针来分清方向；地球磁场还可以帮助人们寻找矿藏。

▼ 磁南极

▲ 磁北极

# 炙热的火山

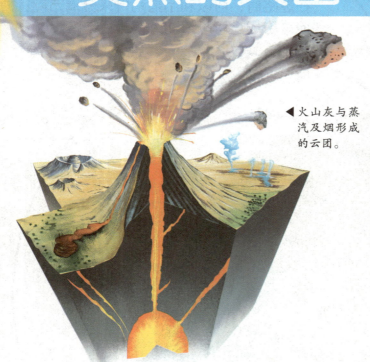

◀ 火山灰与蒸汽及烟形成的云团。

166 火山喷发是地球上最壮观的自然现象之一。火山下面有一个巨大的岩浆房，里面堆积了很多已经熔化的岩石。随着岩浆房内部的压力逐渐增强，就会使火山灰、蒸汽和熔岩从火山顶部喷出，这便是火山爆发。

▲ 火山爆发时，地球内部滚烫的岩石以火山灰、烟、火山弹及岩浆流的形式喷涌出来。

167 当地壳剧烈变动时，岩浆可能会侵入岩层，猛烈地喷出地面，造成火山喷发。伴随火山喷发的还有大量浓烟、火山灰和碎屑。喷出的岩浆冷却后变成岩石，这些岩石常保留着岩浆流动的形态。

▲ 中国黑龙江五大连池的绳状岩石，就是当年岩浆流过的痕迹。一般的绳状熔岩流动方向都呈弧形弯曲或呈链形排列，弧顶多指向熔岩流动方向。

**168** 地球上的火山多种多样，根据活动情况可以把它们分成三类：正在活动的或者是周期性喷发的火山，我们称为活火山；史前曾发生过喷发，但现在已经丧失了活动能力的火山，我们称为死火山；还有一类火山形态完好，但暂时不会喷发，将来可能会喷发的火山，我们称为休眠火山。

**169** 世界上最高的休眠火山——智利的尤耶亚科火山，海拔6723米；世界上最高的死火山——阿根廷的阿空加瓜火山，海拔6962米；世界上最大的火山——夏威夷群岛的冒纳罗亚火山。它们都在太平洋火山带上。

▼智利的尤耶亚科火山

**170** 因为受地球内部压力、火山通道形状和火山喷发环境等许多因素的影响，现在的火山喷发可分为裂隙式喷发和中心式喷发。裂隙式喷发是岩浆沿着地壳上巨大裂缝溢出地表，没有强裂的爆炸现象，主要发生在大洋深处。中心式喷发是地下岩浆通过管状火山通道喷出地表，力量非常巨大。

**171** 火山并不单单存在于陆地上，海底也有火山。海底火山在爆发后，冷却的熔岩有可能形成露出海面的火山岛。我国的澎湖列岛、钓鱼岛等，都是海底火山喷发所形成的火山岛。

**172** 滚烫的熔岩并不总是从火山中喷发到地面上来。大块的岩石在向地表上升的过程中有可能被卡住，形成岩基。岩石逐渐冷却形成大块的晶体，晶体冷却后形成花岗岩。最后，地表的表面磨损，岩基的顶部便在地面上显露出来。

▲钓鱼岛

**173** 无论是活火山、死火山还是休眠火山，它们之间都没有严格的界限。休眠火山可以"苏醒"，死火山也可以"复活"，互相之间并不是一成不变的。

# 地热从哪来？

174 在火山活动地区，炽热的熔岩会使周围地层的水温升高，甚至化为水汽。这些水汽遇到岩石层中的缝隙就不断上升，当温度下降到汽化点以下时就凝结成为温度很高的水。这些积聚起来的水，还有地层上部的地下水沿地层缝隙上升到地面，每间隔一段时间喷发一次，形成间歇泉。

▲ 间歇泉的高度可以达到几十米，有些地区的人们还利用间歇泉来发电。

175 地热资源按温度的高低划分为高中低三种类型。中国一般把高于150℃的称为高温地热，主要用于发电。低于150℃的称为中低温地热，通常直接用于采暖、水产养殖等。

176 海底热泉的景象非常壮观，烟雾缭绕，就像一个重工业基地。不仅如此，在"烟囱林"中，还有许多生物围绕着烟囱生存。烟囱里冒出的烟不止有黑色，也有白色的烟，或者是没有颜色的轻烟。

177 海底热泉是海底深处的喷泉，它与火山喷泉的原理类似，被称为海洋中的"黑烟囱"。它们形成于断裂带的火山附近，火山岩浆池使那里的水升温，热水溶解了岩石中的化学物质。这些化学物质被周围的海水冷却后，就变成了黑色。

▼海底热泉是地壳活动在海底反映出来的现象。它分布在地壳张裂或薄弱的地方。如大洋中脊的裂谷、海底断裂带和海底火山附近。

**178** 水蒸气和一些有气味的气体从地面的孔洞中冒上来，这些孔洞被称为喷气孔。它们大多分布在火山锥和火山口附近。

▼ 大约从罗马时代起，人们就开始用从喷气孔中喷出的气体洗蒸汽浴了。这种蒸汽浴可以保护关节和肺部的健康。

**179** 从严格意义上讲，温泉是从地下自然涌出的自然水。水在岩浆室中被加热后，沿岩管上升流进水塘。温泉中含有丰富的矿物质，对人的身体健康有很大的益处。

▲ 温泉中含有对
人体有益的微
量元素。

**180** 地表水的渗透循环作用也会形成温泉。由于地形的原因，温泉大多存在于山谷中的河床上。

**181** 泡泥温泉能使人的皮肤变得细腻光滑。气体使岩石碎裂，碎石与水混合在一起，便形成了泥温泉。热气在泥浆里碰撞，使泥浆"冒泡"或是"跳跃"。

# 地球的 "皱纹"

**182** 地球上有许多绵延起伏、高大雄伟的山脉，它们像地球脸上的皱纹，被称为褶皱山脉。褶皱有多种表现形式，最基本的是背斜和向斜两种。

▲ 阿尔卑斯山的少女峰，阿尔卑斯山脉绵延千里，成为地球最深的一道皱纹。

**183** 褶皱面向上弯曲的称为背斜；褶皱面向下弯曲的称为向斜。一般褶皱很少由一种力量而形成，往往是多种力量造成的。

▼ 背斜和向斜示意图

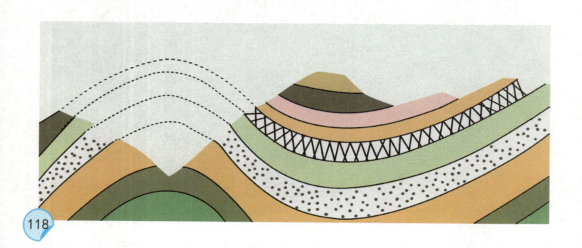

**184** 一般情况下，背斜形成山峰，向斜形成谷地，有时则相反。因为褶皱形成后，假如地壳又经历剧烈动荡，这些褶皱会再次受到挤压以至于倒置，向斜被抬升，背斜被降低，因此出现了十分复杂的地质情况。凡是向斜成山、背斜成谷的地形，称为"地形倒置"或"负地形"。

▲ 向斜

▼ 背斜

**185** 有一些背斜会形成窿状构造，好像地壳"挤"出一座仓库，它的内部成了"储油罐"。世界上许多油田开采者在抽取"油罐"中的石油，我国的大庆油田就是其中之一。

# 沧海变桑田

▲ 喜马拉雅山

**186** 地球内部的物质是在不停运动的，因此会使地壳发生变动。大陆边缘的海水比较浅，地壳上升时，海底露出成为陆地；海边的陆地下沉会被海洋吞没，变为海洋。有时海底发生火山喷发或地震，形成海底山脉、高原等，若是露出海面，则会成为高山或者陆地。

**187** 约 1.5 亿年前，青藏高原和喜马拉雅山地区还是古地中海的一部分。后来由于印度板块和亚欧板块相撞，导致喜马拉雅山从海洋中升起。从喜马拉雅山岩层中得到的古海洋动植物化石就是最好的证据。

◀ 鱼类化石

**188** 在距今 1.2 万年前后，全球气候变暖，冰川融化，海平面迅速上升，海水侵入渤海，渤海平原逐渐消失。曾在渤海平原上奔腾不息的黄河、滦河、辽河也逐渐沉没海底了。

**189** 龙潭大峡谷就是海洋造就的奇观。12 亿年前，这里是一片汪洋大海，后来由于地球的板块运动，造就了这里的高山和峡谷。由海滩沉积岩所形成的波纹石、波纹岩等古海遗迹，时刻向人们展示着海洋的记忆。

▼ 龙潭大峡谷被评为国家地质公园,享有"中国嶂谷第一峡""古海洋天然博物馆"等美名。

# 粉碎岩石

**190** 在十分寒冷的季节里，雨水进入岩石的缝隙中并冻结成冰，水在结冰后体积会变大，而这种膨胀的力量能够导致岩石上的缝隙继续开裂。久而久之，岩石便被粉碎成很多小碎片。没想到吧，冰还拥有粉碎岩石的力量呢。

◀ 冰川上的岩石地貌。

**191** 岩石受热体积变大，遇冷后便会再次恢复到原来的大小。反复多次之后，一些岩石便会脱落成片状。有时，岩石的表面也会形成一层一层的薄片层，看起来像一颗洋葱。

冷热交替使岩石裂成薄片，所以岩石的表面会呈现凹凸不平的片状。▶

**192** 山顶附近所形成的大面积的结冰区域就是冰川。它们缓慢地滑下坡，然后慢慢融化。在冰川移动的过程中，它们会将途中的岩石折断并带走，还有一些岩石被冰川磨成细石和沙子，跟随冰川一起滑下去。

**193** 水中的岩石会越变越小是因为水每天都在不断地冲刷着岩石，并将岩石中的矿物质溶解。不仅如此，水中的小石子和沙子也会磨损岩石的表面。

▲ 落在山顶上的雪不断堆积并挤压成冰。冰慢慢形成冰川，冰川撕裂岩石并将它们带走。

▲ 生物也能将岩石粉碎，如树根穿过岩石生长。

**194** 树的种子有时会落在岩石的缝隙中，日积月累，一棵树便成长起来，而树根在不断生长的过程中将岩石挤裂。

**195** 叫作地衣的微小生物为了获取生长所需的矿物质也会分解岩石的表面。一些小动物，比如兔子在挖掘洞穴时也可能将地表的岩石弄碎。

▲ 碎裂的岩石

**196** 风的力量也是不容小觑的，如果时间够长，风也能够将岩石吹成碎片。狂暴的大风席卷着尘埃和沙砾从岩石上吹过，慢慢地将岩石表面撕裂，然后再带走岩石表面上早已松动的小碎片。

▼ 石拱门

▼ 岩石表面

# 岩石的形成

**197** 几千年以前，巨石、鹅卵石等小石子在海岸或湖岸边沉积下来，并随着时间的流逝融合在一起形成砾岩。而一部分碎石在悬崖下面聚集，形成了角砾岩。相比砾岩来说，角砾岩的边缘更加锋利。

▲ 角砾岩

**198** 当一层厚厚的沙土堆积起来时，被压在一起的沙砾便形成胶结物质，它们再将其他的沙砾粘在一起，形成砂岩。

▲ 不同种类的砂岩。砂岩是人类使用最为广泛的石材，世界上已被开采利用的有澳洲砂岩、印度砂岩、西班牙砂岩、中国砂岩等，其中色彩和花纹最受建筑设计师欢迎的是澳洲砂岩。

**原来如此**

海洋中的砂岩由边缘锋利的沙砾形成，一般呈黄色，而沙漠中的砂岩则由圆形沙砾形成，一般呈红色。

**199** 如果将烂泥压实，它便会变成石头。同理，稀泥由十分微小的黏土颗粒和粉沙砾构成。当厚厚的泥浆层在古老的海中堆积起来时，它们会因自身重量相互挤压形成泥岩。

▲ 泥岩

▲ 石灰岩

**200** 大海中生活着许多长有硬壳的生物。它们死后，这些壳便遗留在了海床上，经过一段时间后，海床上便堆积了大量的壳，最后形成石灰岩。除此之外，还有许多硬壳变成了化石。

**201** 每一滴海水中都含有大量的微生物，有一些微生物长有布满细孔的壳。当它们死后，壳沉到海底，一段时间后便形成白垩，一般用来制造粉笔等产品。

白垩 ▶

# 发现化石

202 动物或植物在死后通常都会被其他生物吃掉，消失得无影无踪。但如果它们死后被迅速地掩埋了，那么它们的尸体就很有可能以化石的形式被完整地保存下来。

203 仔细观察菊石的化石，你会发现，它的纹路像是一条卷曲的小蛇。事实上，它是一种甲壳类动物，还是鹦鹉螺的近亲。菊石的身体包裹在螺旋形的外壳里，肉体腐烂之后，剩下的壳逐渐变成了化石。

▲ 菊石生活在海里，与陆地上的恐龙生活在同一时代。

**204** 当泥沙把死去的动物或植物掩埋后，它们的遗体被分解，软泥中会逐渐出现动物或植物形状的空隙，周围岩石中的矿物质会慢慢将这些空隙填满，最后形成化石。

▼ 三叶虫是一种生活在海里的小型生物，现今已经发现很多三叶虫的化石。

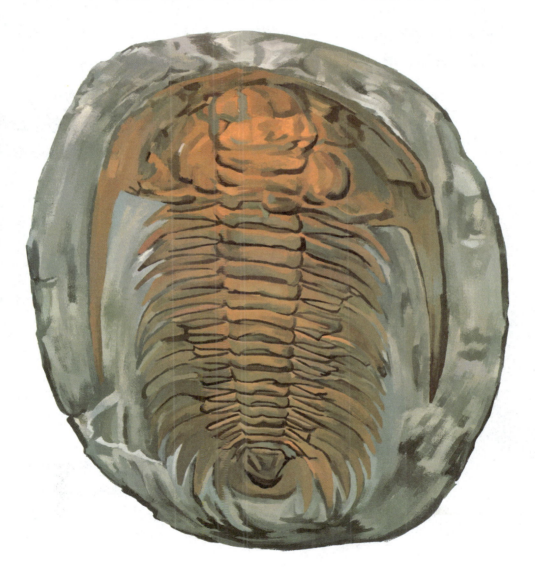

**205** 三叶虫是节肢动物的一种，全身明显分为头、胸、尾三部分，背甲坚硬，被两条纵向深沟割裂成大致相等的三片，所以叫作三叶虫。

**206** 有些恐龙的化石留下了完整的骨架，而有些只能找到几块零散的骨头。恐龙的牙齿、皮肤、蛋和粪便形成的化石也已经被发现。

▲霸王龙化石

**207** 恐龙从软泥中走过时会留下脚印，这些脚印在经过岁月的洗礼之后，有些也会慢慢地变成化石。通过观察这些脚印化石，科学家们能够了解到恐龙的行走方式甚至奔跑速度。

▼ 恐龙的脚印

208 大约在三亿年前，陆地被森林和沼泽覆盖，植物死后便会落入沼泽中，但不会腐烂。随着时间及环境的改变，它们被挤压，温度越来越高，最后成为煤。

209 化石也可以作为燃料来发电，我们也称它为矿石燃料。其中所包括的天然资源有煤炭、天然气、石油等，它们都是由死去的有机物和植物在地下分解而成的，是非常宝贵的不可再生资源。

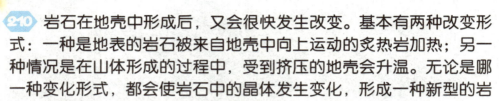

# 变化中的岩石

**210** 岩石在地壳中形成后，又会很快发生改变。基本有两种改变形式：一种是地表的岩石被来自地壳中向上运动的炙热岩加热；另一种情况是在山体形成的过程中，受到挤压的地壳会升温。无论是哪一种变化形式，都会使岩石中的晶体发生变化，形成一种新型的岩石。岩石可以分为岩浆岩、沉积岩和变质岩三类，这三类岩石也在物质循环的过程中相互转化。

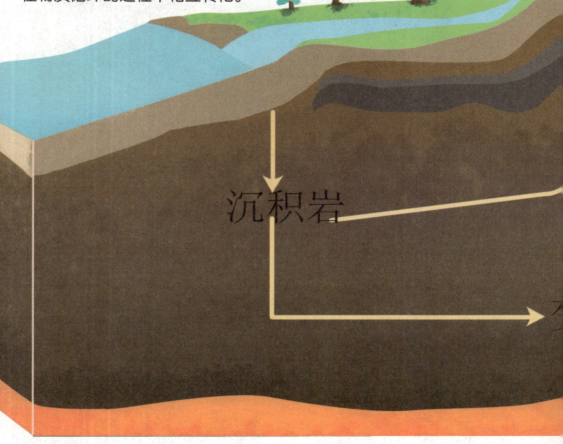

沉积岩

**211** 有少数的岩石是泥沙、矿物质和生物遗骸等长期沉积在海洋底下，经过长期的海水挤压，以及在地球内部热力的作用下，变成岩石的，人们称之为"沉积岩"，如砂岩、页岩和石灰岩等。

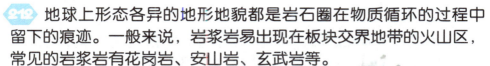

**212** 地球上形态各异的地形地貌都是岩石圈在物质循环的过程中留下的痕迹。一般来说，岩浆岩易出现在板块交界地带的火山区，常见的岩浆岩有花岗岩、安山岩、玄武岩等。

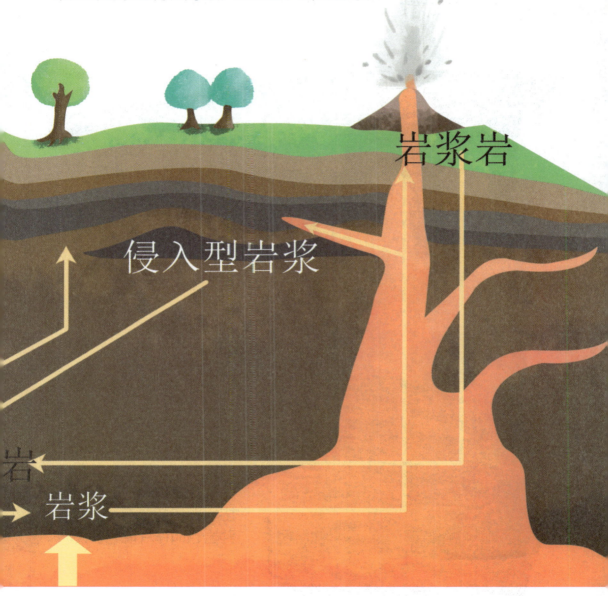

岩浆岩

侵入型岩浆

岩

岩浆

**213** 变质岩是组成地壳的主要成分，一般变质岩是在地下深处的高温、高压下产生的。

▲ 地表以下是岩层，有些岩层在受热后会发生一定的变化。

**214** 泥岩在挤压受热后成为板岩。板岩是非常好的制作屋顶的材料，这种表面光滑的岩石还可以用来制作图中的台球桌。

▲ 台球桌

**215** 组成岩石的矿物质呈现许多层，并伴有彩色的条纹。这些条纹像水面的波纹一样，显现出岩石的褶皱方式，这种岩石叫作片麻岩。

◀片麻岩主要由长石、石英、云母等组成。

**216** 高温高压使地壳中的石灰岩变成大理石。大理石是一种外观莹润的岩石，在磨光后十分美观，常被用来制作雕塑和装饰物。

**217** 大理石的品种划分和命名的原则都不太一样。有的以产地或颜色来命名，有的以花纹或花纹的形状来命名，有的则用传统名称。所以，我们经常会遇到同一种岩石名字不同，或同一个名字岩石的类型却不同的情况。

# 地震的形成

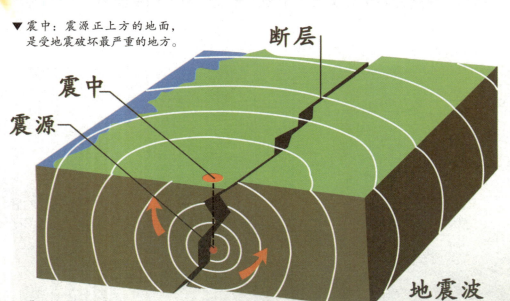

▼震中：震源正上方的地面，是受地震破坏最严重的地方。

断层

震中

震源

地震波

▲震源：地球内部岩层破裂产生地震波的地方。

地震成因

▲地震波：由震源发出的在地壳中传播的弹性波。

**218** 地震一般发生在地壳之中，地壳受到来自地球内部的压力，当压力不断增加，地壳就会突然发生晃动，瞬间释放出巨大的能量，引起大地震动。

**219** 地震从地底深处的震源开始，震波由震源向四面八方传播，使岩石摇动不定。震中是震源垂直地表的位置，那里的震动最为剧烈。

**220** 有时，火山活动会引发地震，人类的一些活动也可能引发地震。比如，大规模地下矿区的顶部塌陷，会造成塌陷地震；水库蓄水或油田注水等活动，增加了地壳的压力而引发的地震，称为诱发地震。

**221** 世界上主要有三大地震带：环太平洋地震带、欧亚地震带、海岭地震带。

> **与此相关** 世界上最早可以探测到地震的仪器是由中国东汉时期天文学家张衡发明制造的"地动仪"。该仪器外壁均匀地分布着八条口含铜丸的铜龙，每条龙的下方各有一个张开嘴的蟾蜍。地震来时，朝向地震发生方向的那条龙嘴里的铜丸就会掉到对应蟾蜍的嘴里。

◀ 地震会导致房屋坍塌等现象。

地震存在着不同的强度与级别。据统计，全球每年大约发生五百万次地震，但不是每一次都能被人察觉，对人类造成严重危害的地震大约有二十次。

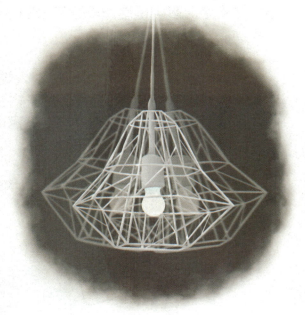

地震的强度用里氏震级来计量，数字越大就表示破坏的能力越强。

▲ 3级地震，吊灯会摇晃。

▼ 7级地震，桥梁和建筑物会坍塌。

▲ 海啸

**224** 海底也会发生地震，这种地震会引发海啸。海啸在快速扫过海面时的波浪并不是很高，但一旦它们到达海岸，波浪就会升高成一面巨大的水帘。巨浪冲到岸上后，可摧毁堤岸，淹没土地，破坏力极大。

◀ 救援人员正在用生命探测仪探测生命迹象。

**225** 随着科技的进步，更多的先进仪器被应用到地震救援中。生命探测仪是利用感应人体所发出超低频电波产生的电场（由心脏产生）来帮助寻找幸存者位置的，它配备的特殊电波过滤器可以将其他动物，如狗、猫等不同于人的频率过滤去除，以便尽早展开救援。

# 地球的宝藏

**226** 宝石是经过切割、磨光后变得耀眼夺目的彩色石头。数千年来，宝石一直是人们制作首饰的重要材料。这些宝贵的"石头"和普通的岩石具有相同或是相似的组成部分，但因为它们自身具有特殊性，于是成了岩石中的瑰宝。

**227** 像祖母绿和石榴石这样的宝石一般形成于炽热的岩石之中，这些炽热的岩石上升到地壳逐渐冷却，最终形成我们所看到的样子。

▲ 石榴石的晶体与石榴籽的形状、颜色十分相似，所以被称为"石榴石"。

▲ 祖母绿又叫"绿宝石"，它是一种含铍铝的硅酸盐结构晶体，晶体形态呈六方柱状，颜色呈翠绿或墨绿，被人们称为"绿宝石之王"，是国际珠宝界公认的四大名贵宝石之一。

**228** 绿松石是一种含水的铜、铝的磷酸盐矿物，颜色多呈天蓝色、淡蓝色、蓝绿色等。绿松石又叫土耳其石，土耳其并不产绿松石，可能是因为古代波斯产的绿松石最初是途经土耳其运往欧洲才得名的。

**229** 钻石是宝石的一种，金刚石是钻石的原石。它是地球上所发现的最硬的天然物质。

▲ 世界上的宝石种类有很多，有些宝石名字与月份相关联，被称为"诞生石"，钻石就是 4 月的诞生石。

**230** 黄金是较稀有、较珍贵和极被人们看重的金属之一。黄金可能会在岩石中以小金粒、大金块或者矿脉的形式存在。岩石被磨损过后，金粒极有可能出现在河床的沙石中。

▼ 黄金不仅用于储备和投资的特殊通货，又是首饰业、电子业、航天航空业等行业的重要材料。

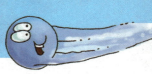

**231** 岩石中的银是一条条明显的银线，它不会像宝石那样闪闪发光，反而周围会裹着一层黑色的暗锈。

**232** 矿石是由不同的物质混合而成的，金属就是其中之一。每种金属都存在于专属的矿石之中，如铝就存在于一种叫作铝土矿的黄色矿石之中。

▼ 水晶

**233** 美丽的水晶逐渐在熔岩气泡中形成。熔岩中的气体形成气泡，气泡在熔岩冷却成固体的过程中，形成气球型的空间，这叫作晶洞。液体渗入晶洞，最后形成大块的水晶。

**原来如此**

水晶是一种无色透明的石英结晶体矿物。它的主要化学成分是二氧化硅。常见的宝石水晶在希腊文里是"洁白的冰"的意思，它的外观清亮、透彻。结晶比较完美的水晶晶体通常呈六棱柱状，柱体为一头尖或两头尖，多条长柱体联结在一块儿，通称晶族。

▼苗族姑娘身上的饰品就是用银制成的。

143

# 奇妙的地下世界——洞穴

294 洞穴是自然形成的地下空洞，通常由水的溶蚀、侵蚀和风的侵蚀作用而形成。猛犸洞是世界上最长的洞穴，位于美国肯塔基州中部的猛犸洞国家公园。

◀ 洞穴

295 洞穴的构成形式也很不一样。冰川洞是冰川内部的冰受热融化后所形成的一种洞穴，通常在寒冷的高山或是极地等地区会出现这样的洞穴。

◀ 冰川洞

**296** 熔岩管洞穴的名字和构造都十分有特点，它是火山熔岩在流动时，因内外冷却程度不同而形成的一种管状洞穴。

▲ 熔岩管洞穴

**297** 海浪不断地冲击和磨蚀海岸的岩石，也会形成洞穴，这种洞穴称为海蚀洞。

▲ 海蚀洞

**298** 洞穴向世人展示了一个神奇美妙的地下世界，吸引着人们去欣赏并探索。但洞穴探险都是受过专门训练、具备较全面的相关知识及设备的人才能进行的勘察和探测活动，并不是随便就可以进入的。

# 大气层

◀ 流星也发生在热层里。

▶ 中间层的温度较低，几乎没有能够吸收太阳热量的水汽、尘埃等物质。

**299** 包裹着地球的气体层称为大气层，最底层是对流层，天气现象就在这一层发生。对流层的上面是平流层，飞机便在这一层航行，以避开恶劣的天气。位于中间的气体层叫作中间层，在它之上的是热层，然后是散逸层。

▼ 臭氧层

▲ 对流层

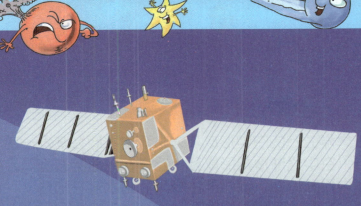

**240** 热层因为吸收了大部分太阳辐射的热量，温度极高。同时，热层的空气受太阳短波辐射作用处于电离的状态，电离层就存在于这一层。

▲ 散逸层

**241** 散逸层是地球大气和宇宙空间的过渡地带。这里是卫星、航天飞机等航天器的运行空间。

▲ 绚丽的极光就发生在热层里。

**242** 对流层距离地表最近，聚集了大气中几乎所有的水汽，加上对流运动显著，产生了风、雨、雪等天气现象。

▼ 平流层比较稳定，适合飞机飞行。

# 不断变化的云

**243** 云在大洋上方的空中形成。太阳照射水面会蒸发一部分水，这些水蒸气升入空中逐渐冷却形成云，遍布在地球的表面。云在向内陆移动的过程中逐渐冷却，然后产生降雨。雨水落在陆地上，再流入江河返回大海，这个过程就是水循环。

地表径流

湖泊

海洋

地下径流

▲ 水循环示意图

**244** 天空有各种不同形状的云，那些鳞片状的或小球状的云片或云层排列而成的叫作卷积云。

▼ 云的类型

飞机云

卷积云

积雨云

高积云　　卷层云

高层云　　　　　　　　　　　　　　雨层云

积云

148

**945** 白色丝丝缕缕状的云叫作卷层云，会在天空中逐渐变厚。出现这样的云朵时，可能就是坏天气来临前的预兆了。

**946** 还有一种云比较特殊，我们称它为飞机云。它们是如何形成的呢？当飞机飞行时所喷出的热气在空气中冷却后受到扰动，就形成了飞机云。

**947** 雪花形成于云团的顶部。云团的顶部非常冷，使得云中的水冻结成冰晶。当冰晶形成的雪花越来越大时，便落到了云团的底层。如果云团恰好在暖空气中，雪花就会变成雨滴；如果在冷空气中，雪花就会在地面上堆积，形成我们看到的冰雪世界。

# 龙卷风的奥秘

**248** 龙卷风是云层中雷暴的产物，产生在发展强烈的雷雨云中。这种现象一般在非常暖和的地域上空形成。快速上升的气流形成一个螺旋风洞，能像真空吸尘器一样发挥威力。

**249** 生活在海边的人，常有机会看到一种奇特的天气现象：天空浓密的雷雨云中，有时会伸出来一条黑色的尾巴。古时候的人们无法解释这种现象，就把它称作"龙"，也称"龙吸水"。实际上，它就是猛烈的旋风，与"龙"无关，因其发生在水上，我们现在称这种现象为"水龙卷"。

▲ 美国威斯康星州密歇根湖水面出现"双龙吸水"的奇观，场面壮观。

**250** 地球上最快的风就是龙卷风，它能以每小时约 500 千米的速度旋转。除了水龙卷和我们熟知的陆龙卷之外，还有多涡旋龙卷、火焰龙卷两种类型。

◀ 火焰龙卷风又称"火怪"或是"火旋风"。

**251** 龙卷风能将地面上的一切都卷走，等到威力减弱趋于平静后，先前卷走的东西又重新落回地面，就形成了蜘蛛雨、鱼雨等怪雨。

▲ 蜘蛛雨

# 风的奥秘

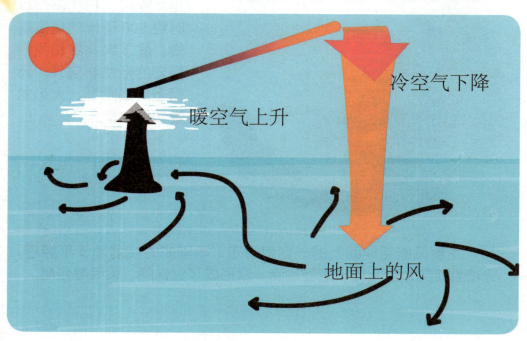

暖空气上升

冷空气下降

地面上的风

▲ 风的形成

**252** 一般来说，气温低，气压就高；气温高，气压就低。于是，空气从气压高的地方流向气压低的地方，由此产生了风。

**253** 风的强度也明确分有不同的级别，还有特别的儿歌帮助人们分辨：零级烟柱直冲天；一级青烟随风偏；二级轻风吹脸面；三级叶动红旗展；四级枝摇飞纸片；五级小树随风弯；六级举伞有困难；七级迎风走不便；八级风刮树枝断；九级屋顶飞瓦片；十级拔树又倒屋。而十一二级的风在陆地上是很少见的。

零级风　　　一级风　　　二级风　　　三级风

| 四级风 | 五级风 | 六级风 | 七级风 |
| 八级风 | 九级风 | | |
| 十级风 | 十一二级风 | | |

**254** 飓风是在温暖的海洋上空形成的破坏性风暴。从海洋蒸发出来的水蒸气受热上升，形成巨大的云团，而冷空气则快速流入云团的下面填补空缺。在地球自转的影响之下，云团就像一架巨大的纺车轮一样旋转起来。

▲飓风中心有一个风眼，风眼愈小，破坏力愈大。

**255** 飓风也是有中心的，并且飓风的风眼是完全静止的，但周围的强风能够以 300 千米的时速旋转。倘若飓风登陆，它的威力可是巨大的，把建筑物吹成碎片对飓风来说是小事一桩。

**256** 焚风多发生在世界上的山区地带，不少地方都可以见到它。当山脉阻隔风的流向时，风会顺山坡上升。于是，一部分空气中的水汽凝结成云致雨后，其余的空气变得干燥。干燥的空气下沉时，就变得更干燥了。

**257** 如图所示，翻过山坡的风在下沉的过程中，温度变得越来越高，这种温度高又干燥的风可能会点燃枯叶与杂草，引发森林火灾，这也是被称为"焚风"的原因。

潮湿空气

干燥空气

迎风坡

背风坡

▲ 焚风形成示意图

258 风把细小的种子从一个地方送到另一个地方。无论种子落到哪里，都有机会生根发芽，长成新的植物，这是风的功劳。除此之外，人们还会利用风力进行发电。

在很久很久以前，人 ▶ 们制造了一种农用机械——风车，最早利用了风能。

# 绚丽的极光

▲ 极光

**259** 在高纬度（南极和北极）地区，人们常会看到变幻莫测、绚丽无比的神奇之光，那就是极光。极光出现的时间长短不同，短的稍纵即逝，长的可以在极地天空上辉映数个小时。

**260** 极光一般呈带状、弧状、幕状、放射状，这些形状也不是固定的，它们时而稳定，时而变化。极光大多出现在地表 90 千米至 130 千米的高空，有些会更高。在城市中，灯光和高层建筑会妨碍人们观测，所以乡间的空旷地区是观测极光的好地方。

**261** 现代研究发现，极光产生的条件有三个：大气、磁场和带电粒子，三者缺一不可。当来自太阳的带电粒子到达地球附近时，地球磁场迫使其中一部分沿着磁场线集中到南北两极，它们与极地大气中的原子和分子碰撞并激发，产生光芒，形成极光。极光的颜色和强度也取决于粒子的能量和数量。

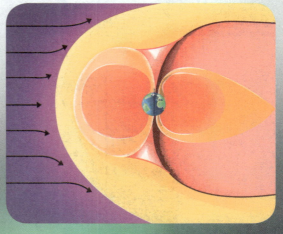

▲ 太阳风的带电粒子靠近地球附近时，地球磁场迫使其中的一部分进入两极地区，并与大气层发生碰撞。

◀ 极光并不只在地球上出现，太阳系中其他带有磁场的行星上也会出现极光。

157

# 极昼与极夜

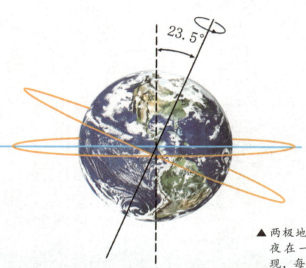

**262** 地轴与地球垂线之间有一个角度为 23.5° 的倾斜角。这使两极中总有一极在地球公转时面向太阳，出现极昼；另一极则背向太阳，出现极夜。

▲ 两极地区的极昼、极夜在一年中交替出现，每次持续 6 个月。

**263** 当过了春分至秋分之前，太阳光总是照射在北极的低空上，此时北极地区全是白天，出现了"极昼"。但过了秋分至次年的春分之前，太阳直射点移到南半球，北极地区都是晚上，出现了"极夜"。南极出现极昼与极夜的情况则正好与北极相反。

▼ 越靠近南北极点，极昼或极夜现象维持的时间越长。

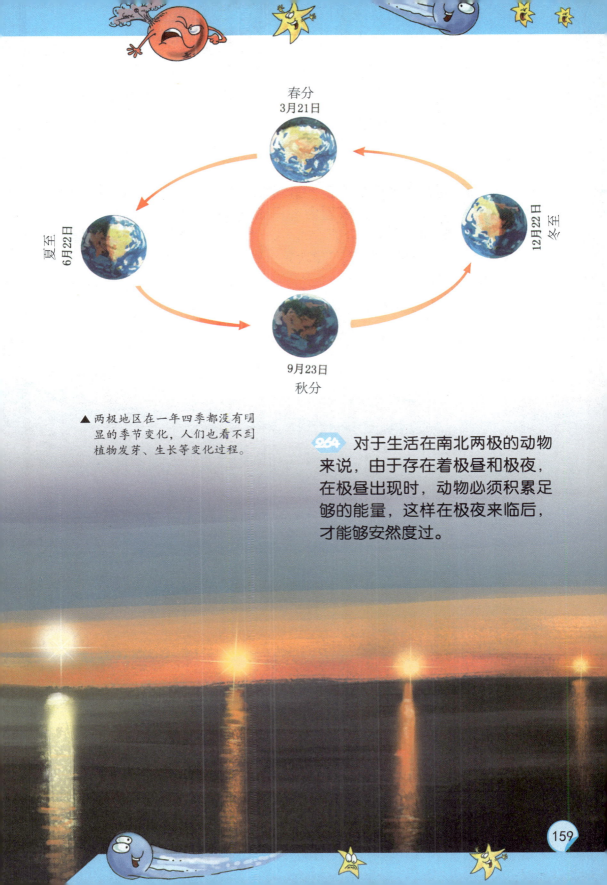

春分
3月21日

夏至
6月22日

12月22日
冬至

9月23日
秋分

▲ 两极地区在一年四季都没有明显的季节变化，人们也看不到植物发芽、生长等变化过程。

**264** 对于生活在南北两极的动物来说，由于存在着极昼和极夜，在极昼出现时，动物必须积累足够的能量，这样在极夜来临后，才能够安然度过。

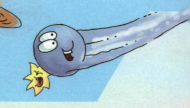

# 沙漠和草地

**265** 沙漠是地面完全被沙覆盖、植物稀少、水稀少、空气干燥的荒芜地区。在风的作用下，沙漠里会堆积成一座座小沙山，这就是沙丘，沙丘会因风向不同而呈现不同的形状，如果风向保持不变，就会形成平行沙丘；如果风从多个方向吹来，就会形成星星状的沙丘。

266 风吹过沙漠形成沙丘，若是地表的沙量较少，植被偏多，风会把沙子吹成新月形的沙丘，叫作新月形沙丘。除此之外还有横向沙丘和蛇形沙丘。

▲ 水塘的周围生长着树木和其他植物，动物们可以到这里来饮水。

**257** 绿洲就像沙漠上罕见的珍珠，镶嵌在沙漠里，闪烁着神奇的色彩。绿洲是由雨水形成的，降水渗入沙地，并在岩石中聚集，然后通过岩石管流到沙子比较薄的地方，最终形成水塘。

▲ 仙人掌

**258** 由于对沙漠干旱气候的适应，仙人掌的叶子演化成短短的小刺，以减少水分的蒸发，同时也是阻止动物吞食的有力武器。它茎上的沟槽里蓄满了水，除此之外，仙人掌的根覆盖范围也很大，这样在下雨的时候就可以吸收更多的水分。

**259** 大量的动物生活在草地上。在非洲草原上，动物们用独特的方式来进食。比如，斑马会食用草顶端的秆，角马进食中间的叶子，瞪羚则会选择新生的幼苗。这样，大家就不会因为食物引起不必要的冲突，像狮子这样的动物就更不会去争抢，因为捕捉这些食草动物才是它的正经事。

# 奇异的湖

**270** 察尔汗盐湖位于柴达木盆地，这里曾经是一个水域辽阔的大湖，后来气候干燥，湖面缩小，湖水含盐量增高，成了盐湖。原来的湖区成了干盐滩。残留下来的小湖，湖面上也结了一层厚厚的盐盖，就像冬天湖面上结的冰。放眼望去，整个湖面白茫茫一片，像终年的积雪。

▲ 盐盖上的铁路路基一旦受到损害，也很容易修补，只需要在路边的盐盖上打个洞，舀出湖水浇在破损的地方，等到水一干，水中析出来的盐就会把坑洼处补平。

**271** 几十厘米厚的盐盖能承受得住满载货物的汽车和拖挂几十节车厢的火车的巨大压力吗？事实上，这种担心是多余的。因为 30 厘米～50 厘米厚的盐盖，每平方厘米面积上可以承受 16 千克的重压，换句话说，这种厚度的盐盖所能承受的压强大约为 1600 千帕斯卡，完全承受得了汽车和火车的辗轧。

鄱阳湖位于江西省北部、长江南岸，是中国第一大淡水湖。鄱阳湖是由长江迁移而形成的河成湖。它还是一个季节性变化巨大的吞吐型湖泊。

▲ 每年冬季，大批珍禽来鄱阳湖越冬，如白鹤、白枕鹤等，国家还在此设立了候鸟保护区。

▼ 察尔汗盐湖是中国最大的盐湖，也是世界上最著名的内陆盐湖之一。

# 死亡公路的奥秘

**273** 在美国爱达荷州的州立公路上，离因支姆麦克蒙 14.5 千米处，也有一个恐怖的翻车地带。正常行驶的车辆一旦进入这一地带就会突然被一股神秘的力量抛向空中，随后又重重地摔到地上，造成车毁人亡的惨重事故。

**274** 美国爱达荷州的州立公路与平常的公路相比并没有什么特别之处，不过，同样是平坦的道路，它的死亡率却是其他公路的 4 倍。

科学工作者们对此进行了考察，结果认为：这些现象的产生是由于地下水脉辐射的影响造成的。这里地下河水网由重叠交叉的地下河流所组成，地下水脉的辐射量与宇宙射线相比，要强好多倍，司机受到辐射后便失去自制能力。

# 淹不死人的海

▼死海的含盐量能够达到 30% 左右，浓度非常高。当人体重力小于水的浮力时，人体就会上浮，所以即使你不会游泳，到了死海里面，你也不会溺水。

**276** 在地球陆地最低处有一个内陆湖，不仅湖里没有鱼虾，甚至连湖岸也没有任何植物。鱼儿顺着约旦河遨游，只要接触到湖里的水，就会立即死去。湖面上盐柱林立，有些地方则漂浮着盐块，好像破碎的冰山，这个湖就是有名的死海。

**277** 约旦河是死海的源头，河水中含有盐类物质，日积月累沉淀下来，再加上蒸发等因素，致使死海成为一个咸水湖。死海的湖岸是地球上已露出陆地的最低点，有"世界的肚脐"之称。

**278** 与世界上任何江河湖海不同，死海是不准许人们"为所欲为"的。你想击水前进时它会使你立即失去平衡，毫不客气地将你翻转过来。虽然不能在死海中体验游泳的快乐，但它却能使人漂浮其中，是"旱鸭子"的乐园。

**279** 死海海底的黑泥含有丰富的矿物质，这种黑泥具有促进新陈代谢、护肤保湿的效果。人们也利用死海泥制成了各类美容和洗浴用品。

▲ 经过千万年的沉积，死海海底的黑泥中含有多种对人体有益的微量元素。

**280** 死海地处沙漠，天气晴朗，气候干燥，降雨稀少且不规律。死海地区气压较高，因此空气中的含氧量较高。除此之外，死海的水体能对周围地区的气温进行调节，冬季海上气温高于陆地，夏季气温则相反。

**281** 在死海的命运问题上，一直存在着两种截然不同的观点：一种认为，死海日趋干涸，在不久的将来，它将不复存在；另一种观点则认为，死海地处非洲大断裂带的最低点，它的底部很有可能产生裂缝，从而形成一个新的海洋。死海并非是没有生命的死水，相反，它前途无量，是未来的世界大洋。

▼ 除个别的微生物以外，约旦河及其他河流的鱼虾被带入死海后，会因水中的含盐量太高，并且极虔缺氧而死去。

# 红海

**282** 大陆漂移与板块学说诞生以后，我们可以从一个全新的角度解释红海的形成。科学家们认为，大约 4000 万年以前，红海并不存在，那时非洲与阿拉伯半岛并未分开。后来，地壳在今天红海的位置上发生了断裂，阿拉伯半岛的陆地不断北移，红海不断拓宽，通过曼德海峡，印度洋的海水灌了进来，形成了今天的红海。

**283** 对于"红海"这个名字的由来，也有很多不同的看法：其一认为是指海水本身的颜色，或许是水中的贝壳、珊瑚砂，甚至是红色海藻的大量繁殖，使海水呈现红色。其二认为红海两岸岩石的色泽是红海得名的重要原因。还有一种说法是古代西亚很多民族用黑色表示北方，用红色表示南方，红海也就解释为"南方的海"。

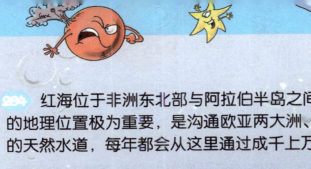

红海位于非洲东北部与阿拉伯半岛之间，形状狭长。它所处的地理位置极为重要，是沟通欧亚两大洲、连接印度洋与地中海的天然水道，每年都会从这里通过成千上万艘船只。

▼ 红海的得名与气候也有一定的关系。红海海面上常有来自非洲大沙漠的风，送来一股股炎热的气流和红黄色的沙尘，使天色变暗，海就会显现出暗红色，因此得名。

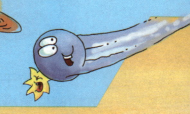

# 魔 海

285 在大西洋的最南端，南临南极半岛，东临科茨地的地方有一个具有神奇魔力的海域——威德尔海。

▼威德尔海是南极的边缘海，同时也是南大西洋的一部分。该海域的名字是1900年以发现者詹姆斯·威德尔的名字命名的。

**原来如此**

逆戟鲸，一种能吞食冰面任何动物的可怕鲸鱼，是威德尔海有名的海上"屠夫"。

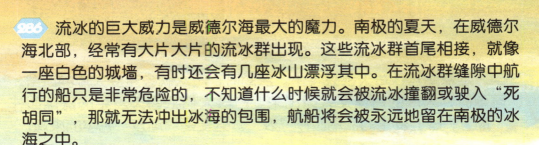

**286** 流冰的巨大威力是威德尔海最大的魔力。南极的夏天，在威德尔海北部，经常有大片大片的流冰群出现。这些流冰群首尾相接，就像一座白色的城墙，有时还会有几座冰山漂浮其中。在流冰群缝隙中航行的船只是非常危险的，不知道什么时候就会被流冰撞翻或驶入"死胡同"，那就无法冲出冰海的包围，航船将会被永远地留在南极的冰海之中。

**287** 威德尔海的另一魔力，就是绚丽多姿的极光和神秘的海市蜃楼。船只航行在威德尔海中，就像漂游在梦中的世界，有的受幻景迷惑而进入流冰包围的绝境之中，有的竟为躲避虚幻的冰山而与真正的冰山相撞。

# 潮汐与海啸

**288** 潮涨潮落，每天都会发生。涨潮时，海水就会淹没大片的海滩，落潮时，大片的海滩又会露出来。古时人们把白天发生的涨潮叫作"潮"，晚上发生的涨潮叫作"汐"。这便是"潮汐"名字的来源。

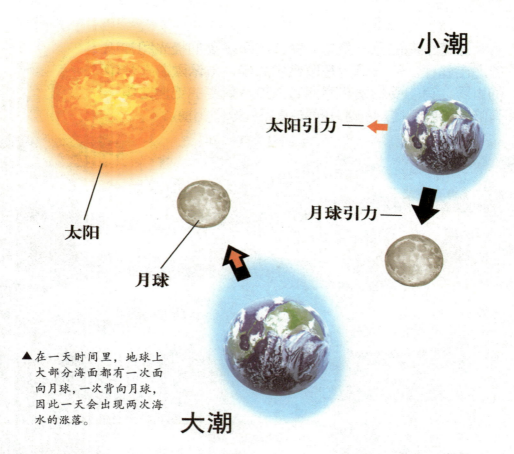

小潮

太阳引力 ——

月球引力 ——

太阳

月球

▲ 在一天时间里，地球上大部分海面都有一次面向月球，一次背向月球，因此一天会出现两次海水的涨落。

大潮

**289** 万有引力存在于太阳与地球之间，只是由于太阳距地球较远，因此引力不大，平时不明显。可当月亮、地球和太阳处于一条直线时（满月或新月），太阳对海水的引力和月亮对海水的引力就会起重叠作用，这时，就会有大潮出现。当月亮和太阳与地球形成直角时（上弦月或下弦月），两种引力作用方向不同，就会相互抵消，这时，小潮就会出现。

**290** 潮汐的形成与出现也为人类提供了一定的能源。法国圣马洛附近朗斯河口的朗斯潮汐电站工程是当今最著名的潮汐装置。潮汐发电的原理与普通水力发电的原理类似，利用出水库，在涨潮时存储海水，落潮时放出，利用高低潮位间的落差，推动水轮机旋转，从而带动发电机发电。

▼在英国斯特兰福特湾，海流汽轮机公司的潮汐能发电转换器正在利用水下叶片发电。

**291** 当有外力促使海水运动时，就会形成海浪。大部分海浪是因风力而起，我们称之为风浪，它的覆盖范围有时能达到数万千米。还有些海浪是由海底地震、滑坡或海底火山喷发引起的，我们称之为地震海浪，也就是海啸。

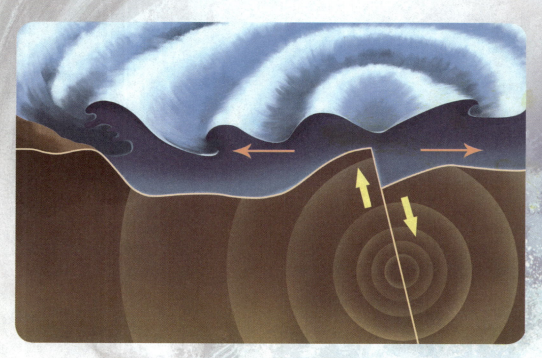

▲ 海啸原理图

**292** 有些海啸是由风造成的。当强大的台风从海面通过时，岸边水位会因此而暴涨，波涛汹涌，甚至使海水泛滥成灾，由此造成的损失是巨大的。这种现象被人们称为"风暴海啸"或者"气象海啸"。

海啸会使海水水位突然上升，水波迅速从震源传播出去，造成巨大的波浪。海啸在接近陆地时变得非常猛烈，巨大的水墙高达30米，相当于十层楼的高度，推进速度可以达到756千米每小时。海啸裹挟着巨大的能量，可以轻易冲毁沿途的一切。

▼ 海啸将沿岸的建筑物冲毁。

与此相关 2004年，印度洋发生大海啸，印度尼西亚的班达亚齐市在一瞬间变得支离破碎，造成了巨大的损失。

# 河流与湖泊

294　我们所看到的一条大河可能源于一汪清泉。从天而降的雨水渗入地面后，再穿过土壤和岩石，接着从山的另一侧流出，这便是泉水。所谓的溪流实际上就是从泉中流出的细流，许多细流汇合在一起就形成了河。

高原地区

295　河流从河源开始，到河口结束，全程分为上游、中游和下游三个阶段。上游大多水流很急、河道狭窄，穿行于山区；到中游时，河面变得宽阔，水流速度变慢，河道也变得弯曲；河流的下游一般都是平原地区，河面更加开阔，出现浅滩和沙洲，最终通过河口流入大海。

丘陵地区

河口就是河流汇入大海的地▼
方，可能是一处宽阔的河道，
也可能是几块由泥沙堆积形
成的水中陆地，我们把后者
称为三角洲。

湖泊

河流下游

河汊

平原地区

河口

大海

180

**296** 世界最长的河流是尼罗河。尼罗河纵贯非洲大陆东北部，跨越世界上面积最大的撒哈拉沙漠，最后注入地中海，全长 6670 千米，流域面积占非洲大陆的九分之一。

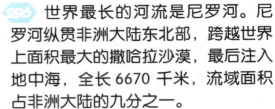

沙漠地区

河流上游

河流中游

**297** 当水从悬崖上奔流而下的时候，就形成了瀑布。瀑布表面光滑的凹面是水磨损岩石后形成的。当水从坚硬的岩石层流到软一些的岩石层上时，会侵蚀一些比较软的岩石，并在瀑布下面形成一种叫作跌水潭的深潭。

**298** 在湖泊家族中，火口湖比较特殊。在火山喷发后，通常会在火山顶部留下一个深坑，叫作火山口。由于降雨频繁，巨大的火山口里积满了雨水，形成了火口湖。

位于加拿大和美国交界处的尼亚加拉大瀑布是 ▶
世界上最大的瀑布，大量的水流从悬崖上坠落
下来，巨大的水流声轰鸣不断，被印第安人形
容为"雷神的说话声"。

**999** 湖泊的颜色并不是单一的蓝色，也会有绿色、红色，甚至还有白色的。湖水的颜色是由湖水中叫作水藻的微小生物或者溶解在水中的矿物质造成的。

◀ 玻利维亚的科罗拉达湖就是红色的，这是生活在湖中的微小生物所造成的。

**与此相关** 地面上的凹地聚集的雨水也能够形成湖泊。这些凹地可能是冰川融化所留下的，也可能是地壳板块裂开所形成的。

# 百慕大三角

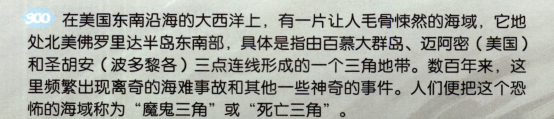

**300** 在美国东南沿海的大西洋上，有一片让人毛骨悚然的海域，它地处北美佛罗里达半岛东南部，具体是指由百慕大群岛、迈阿密（美国）和圣胡安（波多黎各）三点连线形成的一个三角地带。数百年来，这里频繁出现离奇的海难事故和其他一些神奇的事件。人们便把这个恐怖的海域称为"魔鬼三角"或"死亡三角"。

▼许多巨大的旋涡还伴随着移动的巨浪，两者结合在一起足以吞没过往的船只。

**301** 人们利用先进技术对百慕大三角区进行了一系列大规模的调查，发现该海域有许多旋涡，半径20千米～40千米，旋涡方向有顺（时针）有逆（时针），中心温度有冷有暖，中心海面有低有高，旋转速度从每秒几厘米至几十厘米，它们时隐时现，出没无常，"寿命"可达几个月。这就是所谓的"中尺度旋涡"。

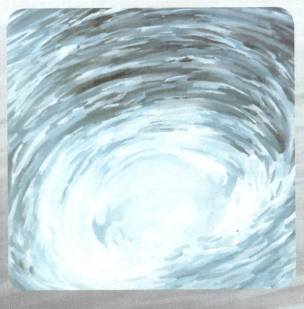

▲ 凹面镜聚光需要光源，光源越强，聚光效果越好，焦点温度也越高。这就是为什么飞机失踪总发生在万里晴空、海平如镜、风力不大的时候，因为这些正是凹面镜反光、聚焦的良好条件。

**902** 当海洋中出现逆时针方向旋转的中尺度旋涡时，海水将向四周辐射，使旋涡中心海面低于四周，形成一个巨大的凹面镜，将光线反射在主轴焦点上。一个半径为 500 千米的凹面镜，当太阳光入射角为 60°～70° 时，其聚光点直径在 1 米左右，焦点处的温度可达几万摄氏度。不难设想，飞机一旦进入焦点附近上空，顷刻之间就会被烧成灰烬。

▲ 1945 年 12 月 5 日，美国第十九飞行队在百慕大三角区域上空突然消失，飞机的任何残骸至今也没被找到。

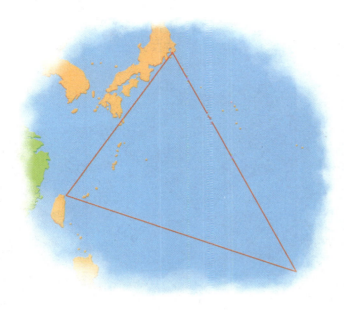

**903** 有些人认为，在百慕大三角区神秘失踪的一些飞机和船只可能是一些外星人所为。他们认为百慕大三角地区是外星人经常活动的区域，也就是说，是外星人掠夺了过往的飞机和船只。

**904** 关于百慕大三角还有一种海穴说，一些学者认为，早在远古时代，这里的海底地壳上就形成了一些陷坑或空穴，一旦发生地震，这种空穴的顶部就会塌陷下去，仿佛怪兽张开的巨口，吞没了过往的船只，却不会留下一丝痕迹。

# 水世界

905 地球从整体上看，是一颗美丽的蓝色星球。那也就不难得知，我们的地球是拥有非常丰富的水资源的，以至应该称它为"水球"而不是"地球"。地球约有四分之三的部分都由海洋覆盖着。海是大洋中的一小部分水域。也可以这样说，北海是大西洋的一部分，马来半岛的海是太平洋的一部分。

**906** 水下也会有山脉？当然有。我们都知道，靠近岸边的海水很浅，一旦离开岸边进入大洋，海水的最深处能达到 11 千米左右。海底相对来说是平坦的，有凸起的山脉横跨在上面，那是两个地壳板块相遇的标记。

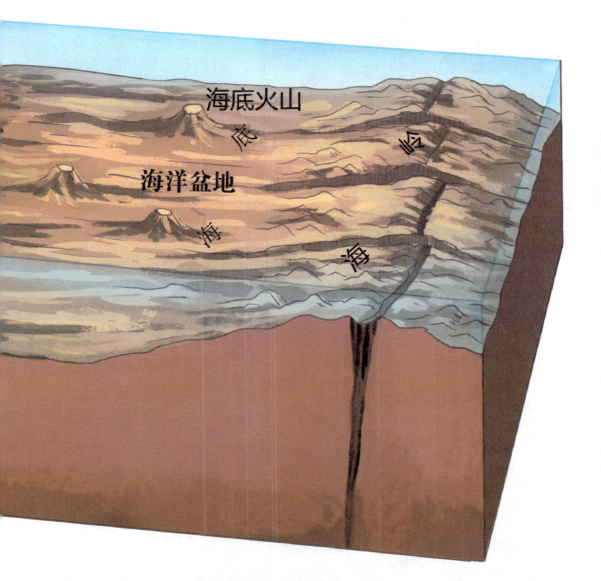

▲ 海沟是海底最深的地方，海底的死火山所形成的山就叫作海底山。除此之外，海底还有长长的海岭，它们附近能够长出新的大洋地壳。

**907** 海洋与陆地相交的地方我们称之为海岸，海岸是在不停变化的。在许多地方，海浪猛烈冲击地面使地面破裂，并且在悬崖上拍打出洞穴和洞门。最后，洞门断开，剩下的岩石柱被称为海蚀柱。

▲ 海岸上的岩石由于海浪的作用而破裂。

▼ 海蚀洞门

**908** 海洋中一些微小的生物也能够形成岛屿。珊瑚虫的身体较小，它们常成群生活，而居住的场所就是珊瑚，这是用海水中的矿物质铸造而成的，能保护它们不会成为鱼类的食物。

珊瑚在太平洋和印度洋的死火山周▶围慢慢累积，形成岛屿。

**909** 数不清的冰山漂浮在大洋里，它们是由北极和南极的冰川及冰盖形成的。我们在图片上看到的水面上的冰山只是整个冰山的一部分。剩余的部分全部藏在了水下，所以有些行驶过近的船只会因为触碰藏在水下的冰山而沉入水中。

▼冰山是极为宝贵的淡水资源，可惜人类目前还没有办法利用它们。

# 海水从哪里来

**910** 在地球的近邻中，无论是距太阳较近的金星、水星，还是离太阳更远一些的火星，都是贫水的。唯有地球得天独厚，拥有如此巨量的水。

**911** 在火山活动中总是有大量的水蒸气伴随岩浆喷溢出来。据此，一些人认为，这些水蒸气便是从地球深部释放出来的"初生水"。但事实上它们只不过是渗入地下然后又重新循环到地表的地面水而已。

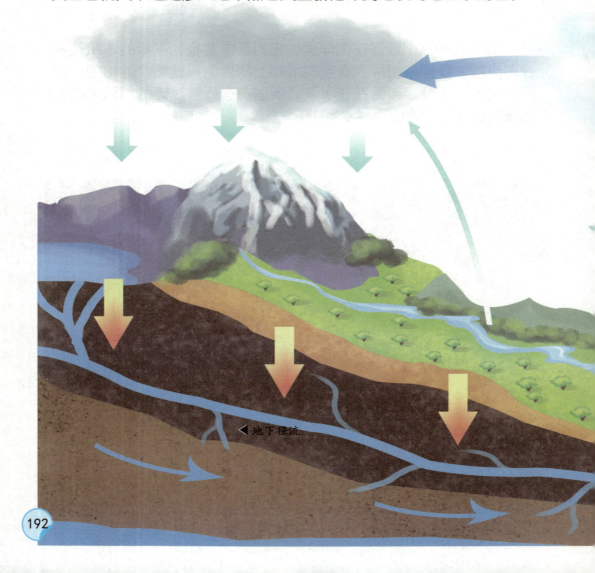

◁地下径流

**9-12** 最早人们认为，这些水是地球固有的。起初，它们以结构水、结晶水等形式贮存于矿物和岩石之中。之后随着地球的不断演化，它们便逐渐从矿物、岩石中释放出来，成为海水的来源。

◀ 海水

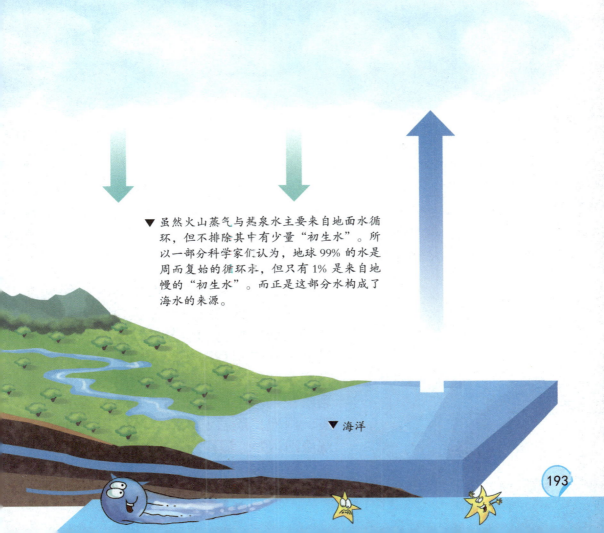

▼ 虽然火山蒸气与温泉水主要来自地面水循环，但不排除其中有少量"初生水"。所以一部分科学家们认为，地球 99% 的水是周而复始的循环水，但只有 1% 是来自地慢的"初生水"。而正是这部分水构成了海水的来源。

▼ 海洋

# 海水的奥秘

▼ 海水晒盐

**913** 海里的盐又是来自哪里的呢？目前主要有两种说法：一种认为最初大洋中的海水所含的盐分并不多，而现在的海水中则有很多盐溶解在里面。它们是陆地上的岩石、土壤里的盐分溶解在雨水中所形成的，之后流入小溪、河流，最后汇入海洋的。另一种观点则认为，最初的海水就是咸的。

▼ 表面色的吸收和反射

**914** 我们知道光有七色，而且这七种颜色有不同的波长，所以它们被海水吸收、反射和散射的程度也不同。红色、橙色和黄色光波较长，具有一定的穿透力，水分子容易吸收。而蓝色、紫色和部分绿色的光波较短，穿透力弱，遇到海水分子或其他微粒时会有不同程度的散射或反射发生，并且人眼对紫光不是很敏感，因此我们就觉得海水是蓝色的。

**915** 海洋并不全是蓝色的。位于亚非大陆之间有一个长方形的海，海水微红，被称为"红海"。事实上，是有一种叫"蓝绿海藻"的植物在红海的海水表面繁殖生长。这种植物死后，呈现红褐色。当海面上漂浮着大量死去的蓝绿海藻时，海水就变成红色的了。

# 厄尔尼诺

厄尔尼诺使秘鲁沿海异常高温多雨，甚至出现洪涝灾害。

316 厄尔尼诺是西班牙语，译为"圣婴"或"神童"。这个名称最早起源于19世纪末，当时秘鲁沿岸的渔民把在圣诞节前后所出现的向南流动的暖洋流称为"厄尔尼诺"。

**9·17** 厄尔尼诺又分为厄尔尼诺现象和厄尔尼诺事件。厄尔尼诺现象是指赤道太平洋东部和中部海水表面大面积持续异常增温的现象，它在世界范围内影响着全球的气候变化。如果这个状态维持了3个月以上，就是发生了厄尔尼诺事件。

**9·18** 在正常情况下，赤道附近的信风带动海水自西向东流动，而赤道太平洋东部洋底的冷海水上翻补充了表面的海水。但信风一旦减弱，会造成赤道洋流和赤道太平洋东部冷水上翻活动减弱，从而使海水温度升高，形成厄尔尼诺现象。

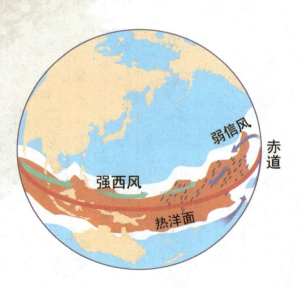

▲ 厄尔尼诺现象是一种周期性的自然现象。现在它已经从局部性的洋流季节变化变成影响全球的自然现象。

厄尔尼诺现象除了使秘鲁沿海气候出现异常增温、多雨外，还使澳大利亚丛林因干旱和炎热而不断起火；北美洲大陆热浪和暴风雪竞相发生；大洋洲和西亚发生严重干旱；非洲大面积发生土壤龟裂；欧洲发生洪涝灾害。

▼ 厄尔尼诺现象造成的干旱少雨，土地龟裂。

海水增暖往往从秘鲁和厄瓜多尔沿海开始，接着向西传播，使整个东太平洋赤道附近的广大洋面出现长时间异常增暖的现象，造成这里的鱼类和以浮游生物为食的鸟类大量死亡。

▼ 厄尔尼诺现象导致鱼类的大量死亡。

**与此相关** 与厄尔尼诺现象截然相反的是拉尼娜现象。主要表现为赤道太平洋中东部海域海水温度低于正常的水温。

# 无雪干谷与不冻湖

**921** 南极大陆素有"白色大陆"之称。由于海拔高、空气稀薄、冰雪表面对太阳能量的反射等因素的影响，使得南极大陆成为世界上最为寒冷的地区。不过，南极并不都是白茫茫的一片，在南极洲麦克默多湾，有三个相连的谷地：维多利亚谷、赖特谷、地拉谷。这段谷地周围是被冰雪覆盖的山岭，冰川到达不了这里，一年四季都不下雪，所以人们把它称为"无雪干谷"。

▼ 无雪干谷既没有雪，也没有冰，到处都是裸露的岩石和一堆堆海豹等海兽的白骨。走进这里的人很难感觉到生命的气息，于是它又被称为"死亡之谷"。

**922** 无雪干谷旁边的范达湖是南极大陆独有的咸水湖。湖水上淡下咸，湖水的含盐量随深度的增加而增加。范达湖不远处有一个湖叫汤潘湖，它的奇妙之处在于即使处在 –50℃的温度下也不会结冰。汤潘湖的湖水盐度非常高，如果把一杯湖水泼到地上，很快就会在地面上析出一层薄薄的盐。汤潘湖是一个名副其实的"不冻湖"。

▼ 汤潘湖很小，湖水较浅，水的含盐度较高。

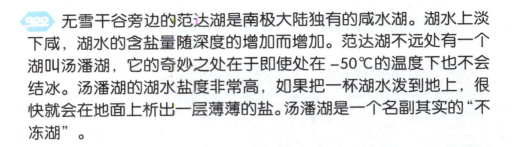

**923** 汤潘湖的湖水为什么不会结冰呢？有人说是由于湖里的盐分较高造成的。也有人说除了湖水中较高的盐分之外，可能还因为周围地热的作用。对这种奇异现象，科学家们至今也没有找出一个更为合理的解释。

# 会 "说话" 的沙子

▲ 日本丹后半岛

**994** 鸣沙，就是会发出声响的沙子。鸣沙是世界上普遍存在的一种自然现象。美国、英国、智利等国家的一些沙滩与沙漠都存在这种神奇的鸣沙现象。

**995** 令人惊奇的是，沙子发出来的声音也是多种多样的。比如说，在美国夏威夷群岛中的某个小岛上的沙子可以发出一阵阵好像狗叫一样的声音，所以人们称它是"犬吠沙"；苏格兰爱格岛上的沙子，却能发出一种尖锐响亮的声音，就好像食指在拉紧的丝弦上弹了一下；日本丹后半岛的两处响沙能发出音色截然不同的两种声音，并随着季节的变化而变化。

▲ 月牙形的山丘

**996** 响沙多发生在高大陡峭的月牙形沙丘的背风坡，在空气湿度、温度和风速的共同作用下，沙丘便发出了响声。中国三大鸣沙山有甘肃敦煌鸣沙山、内蒙古达拉特旗响沙湾和宁夏中卫沙坡头。

▼ 甘肃敦煌鸣沙山

**997** 如果试着从中国的鸣沙山上滚下来，你会听到轰隆轰隆的巨响，就像打雷一样。

# 光的奇观

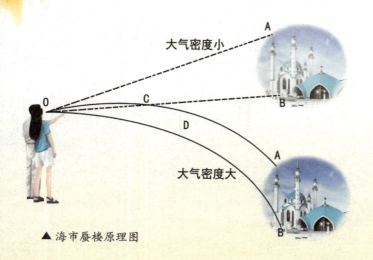

▲ 海市蜃楼原理图

**928** 太阳在适合的大气条件下活动，将太阳光反射到大气层而形成扁圆形、三角形、鸡蛋形等不同形状的幻影。通过反射作用，太阳光的颜色也发生变化，由此形成了海市蜃楼。

**929** 当空气的密度发生改变时，光就不再沿直线传播，而是发生弯曲，产生折射现象。当空气密度垂直变化非常悬殊，光在大气中全反射或折射时，光就能将远处看不见的物体像镜子照物一般投射到空气中，让人们看到幻觉般的虚像，这种虚像就是海市蜃楼。

**990** 佛光也是自然界中一种神奇的光学现象，常出现在半晴半雾的天气里。佛光常表现为一轮彩色的光环，光环的颜色由外向内排列着红、蓝、青、绿等不同的颜色。佛光其实是光的衍射造就的。

▲ 阳光将人影投射在云彩上，云彩中的细小冰晶与水滴形成独特的圆圈形彩虹。

**991** 虹是大气中美丽的自然现象之一，人们喜欢称它为彩虹。彩虹像一座没有柱子的桥，横跨在天空上。我们平时是看不到彩虹的，只有在雨过天晴的时候才偶尔能看到它。

▼ 当太阳光照射到空气中的水滴，光线被折射及反射，在天空中形成拱形的七彩光谱。

# 怪石头

**392** 石头的奇特之处不仅体现在相貌上，有的石头长相平平，但是却会让人连连称奇。有的石头爱"唱歌"；有的石头很活泼，又蹦又跳；有的石头会沸腾；有的石头甚至还有致命的毒素。

▼ 石块在移动后，会在干涸的河床上留下一道长长的轨迹。

美国死亡谷位于美国加州的沙漠谷地，地势险恶。同时也是北美洲地势最低、最干旱的地区。除此之外，这里最有名的是那些外人看来没什么特点的石头。但事实上，这些石头能够在没有任何外力干涉的情况下自己移动。

**994** 　杀生石是日本枥木县那须镇山上的一种毒石，昆虫和鸟类一旦接触到这种石头就会很快死亡。当地人把这种能杀死生物的毒石叫作"杀生石"。凡有杀生石的地方，人们都立一石碑，上面刻有"杀生石"三个字，提醒人们注意。至今毒石的形成原因还是一个谜。

▼ 杀生石

▼ 沸石的中间有很多的空隙，空隙里有很多水分子，在遇到高温时，就会沸腾。

**935** 沸石是一种矿石，最早发现于1756年。瑞典的矿物学家克朗斯提发现有一类天然硅铝酸盐矿石在灼烧时会产生沸腾现象，因此命名为"沸石"。自然界已发现的沸石有30多种。它们的共同特点就是它们的身体由像架子一样的分子搭建而成，中间有很多空隙。空隙里存在很多水分子，因此它们是含水矿物。

**936** 响石的内部是中空的，外形又扁又长。一旦受到震动，就会发出清脆的响声。

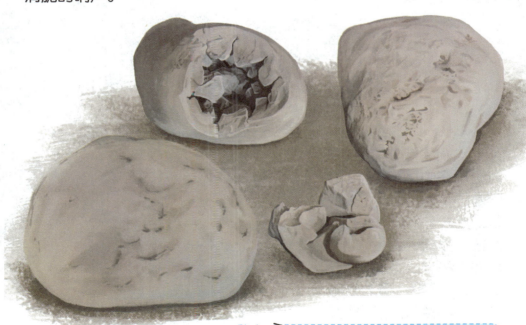

**与此相关** 1986年8月，非洲马里共和国的一个地质勘探队在进行勘探时，他们发现了一种美丽的石头，就是"马里毒石"。

# 怪坡之谜

**937** 辽宁省沈阳市是中国最早被发现存在"怪坡"的地方。在这条长约 90 米、宽约 15 米、坡度为 1.85 度的"怪坡"上，坡道平坦，看不出任何异样。但在这条坡路上的汽车下坡时必须将油门加大，而上坡时即使熄火也能够到达坡顶，毫不费力；同样，人在爬坡的时候，也是上坡省力，下坡费力。

▼ 中国最早被发现的"怪坡"。

**938** "水往低处流"这句俗语用在中国南疆的什克河是不恰当的。大自然就是如此神秘，这里的水偏偏往高处流，爬上了十几米的小高坡。据相关专家考证，可能是"重力位移"导致了这种"水往高处流"的奇怪现象发生。

▲ 中国南疆什克河

210

**939** 美国犹他州的"重力之山"上有一条坡度陡峭、长约500米的著名怪坡。停下车时汽车像被一种无形的力量拉着缓慢地向山坡上爬去。

**940** 人们对此种现象做了相应的实验，他们经过测量发现，上坡的实质其实是下坡，是一种视觉效果，因为这些位置的特殊地形地貌，导致人的大脑对事实判断错误。

▲ 重力之山

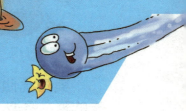

# 奇妙的森林

**941** 森林被称为"地球之肺"，分布范围相当广阔，对世界的气候环境、水土保持及生态平衡的维持都有很重要的作用。按照分布的地域来划分，世界上主要有三种森林，分别是寒带针叶林、温带亚热带阔叶林以及热带雨林。

| | | | |
|---|---|---|---|
| 亚寒带针叶林 | | 热带雨林 | |
| 混交林 | | 温带和亚热带阔叶林 | |

▲ 全球主要的森林分布地区

▼ 针叶上的蜡在冬季有助于雪的滑落，便于阳光照射在叶子上，让叶子保持鲜活。

▼ 松鼠正在享用美味的食物。

**942** 针叶林由针叶树构成，主要分布在北半球。针叶树的树叶细长如针，绿色的叶子上面还裹着一层蜡。不可思议的是，这些树木终年都长满枝叶。

**943** 针叶树的种子在球果里，这些种子就是松鼠的食物。

**944** 温带阔叶林中的大部分树木都长有宽阔、扁平的叶子，它们需要大量的水来维持生命。冬季来临时，这些树木无法从冰冻的土地中获取水分，所以它们的叶子会脱落，等到春季再长出新的叶子。

**945** 鹿、兔子、狐狸和老鼠生活在林间的地面上，而松鼠、啄木鸟和猫头鹰则生活在树上。

▲ 三趾树懒终生基本在树上生活，在地面上不能站立和行走，但会游泳。

**946** 热带雨林中密集地生长着许多大树。这些树木宽阔的叶子四季常绿，树枝与树叶相互交织在森林的上方，雨林的全年雨量分配均匀，空气湿度相对较高，茂密的植物使得雨水要花费十几分钟才能落在地面上。

**947** 现今地球上已知的动物与植物中，有一半以上都生活在热带雨林中。其中包括毛茸茸的大蜘蛛、鲜亮的蛙类及长有斑点的丛林猫科动物。

**原来如此**

热带雨林的主要作用是调节气候，防止水土流失，净化空气。

214

▲ 豹的四肢矫健，极擅攀缘。

◀ 鹿的腿细长，善于奔跑。

◀ 箭毒蛙的外表鲜艳亮丽，同时也是毒性最强的物种之一。

# 充满生机的地球

**948** 迄今为止，人们还没有在除地球以外的其他星球上证实生命的存在。生物能够在地球上舒适生存的原因也非常简单，不仅是因为地球有丰富的水资源，还因为空气中含有充足的氧气与适宜的温度。

**949** 地球上的生物多种多样，有许多生物实际上都非常微小，我们的肉眼几乎无法发现它们。鲸鲨是地球上最大的鱼类，虽然体积庞大，但它们却以外形像虾的微小生物作为主要的食物来源。这些微小的生物吃的是更小的浮游生物，浮游生物是近乎植物的一种生物，它们用阳光和海水合成生长所需的营养物质。

◀ 细菌也是非常小的，需要利用显微镜才能看到，你能在土壤中发现它，甚至连我们的皮肤上也有它的影子。

▲ 地球上最大的鱼类——鲸鲨。

**950** 动物的生存与植物息息相关。植物接受光合作用，含有一定的营养物质。而动物则相反，它们不能自己合成营养物质，所以大部分动物以植物为食，肉食动物则捕食草食动物。

这只毛毛虫每天需要吃大量的植物来补充身体所需的营养。▼

**951** 天空也同样是动物的家园。当天气非常温暖的时候，一些小飞虫会在接近地面的空中飞来飞去。在春季和秋季，成群的鸟儿飞到世界各地安家。

952　不同动物保护自己的方式也有所不同。许多小动物都藏在地面的植物里，老鼠会在草地中四处乱窜，而像鹿这些相对较大的动物就会躲在灌木丛中。不过，像大象这样的庞然大物则不需要躲藏，因为几乎没有什么动物敢向它发起挑战。

953　还有一些动物生活在地下，如蚯蚓和鼹鼠。蚯蚓会将腐烂的植物拖进土里，并以此为食。鼹鼠在地下挖掘隧道，蚯蚓就是它们最美味的食物。

# 关爱地球

**954** 地球上有很多有用的原材料，我们可以用这些材料来制造我们生活所需要的物品，但有些原材料会被用尽。当我们耗尽了地球上所有的矿石之后，就无法制造出新的金属。而植物在不断生长，所以木材可能会是一种再生资源。不过树木的生长速度无法与我们的需求同步，所以我们还是要有节制地使用木材。

**955** 随着时代的发展与科技的进步，人们也通过循环利用的方式来增加物品的使用效率。之前我们使用后的金属或是塑料都会直接丢弃，但现在，越来越多的人开始将材料回收利用，也就是将它们送回工厂加工后再使用。

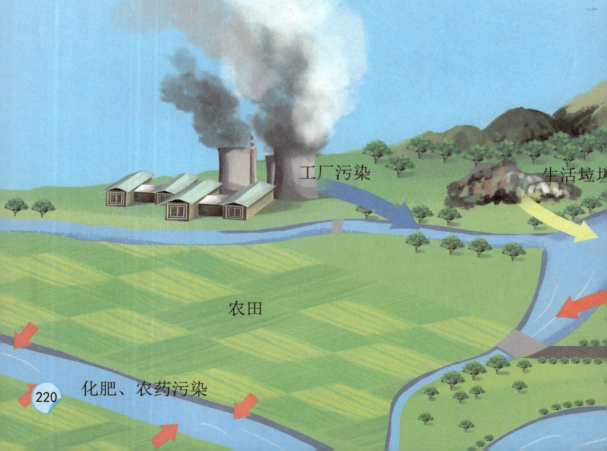

工厂污染

生活垃圾

农田

化肥、农药污染

356 我们一些不良行为的积累会污染空气和水。比如，在燃烧煤和石油时会产生烟，这些烟会导致雨水呈酸性。酸雨的破坏力十分强大，它能够造成树木死亡并破坏土壤。工业生产还会产生一部分化学物质，这些物质通常被排入河流和大海，给生物的生存造成威胁。

▲ 不良的生活行为或者习惯会伤害大自然的美丽，也会给生物的生存带来威胁。

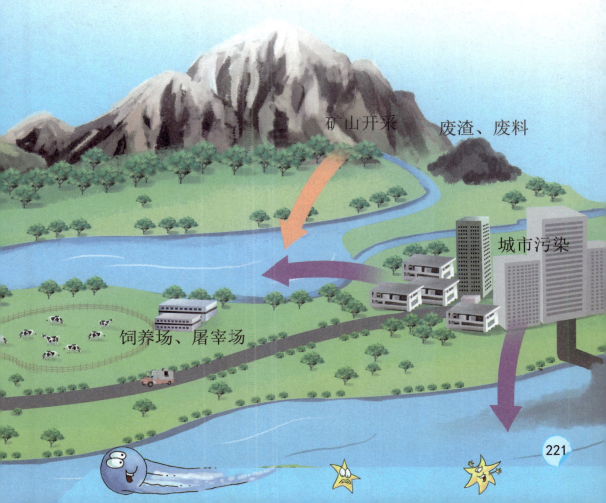

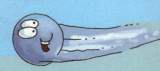

**357** 煤和石油是主要的燃料，发电厂发电、汽车的汽油会用到它们。然而这些燃料迟早有一天要被用光。所以，科学家们也在尝试开发一些新的能源，如风能、潮汐能源等。

▼ 大片的雨、云把降水带到内陆地区。

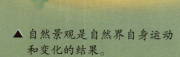

▲ 自然景观是自然界自身运动和变化的结果。

▼ 山区的温度随着高度的上升而下降。

森林好像地球的 ▶
肺，调节着空气
和气候。

222

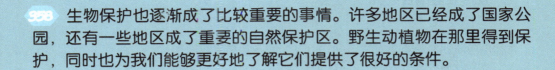

**958** 生物保护也逐渐成了比较重要的事情。许多地区已经成了国家公园，还有一些地区成了重要的自然保护区。野生动植物在那里得到保护，同时也为我们能够更好地了解它们提供了很好的条件。

**959** 地球上的阳光、水、适宜的温度及丰富的营养成分是生命存在的四个基本条件。地球目前是整个宇宙中唯一已知的有生物生存的地方。地球上的绝大多数生物生活在陆地之上和海洋表面以下约 100 米的范围内，地球上所有生物体和它们赖以生存的环境被称作生物圈。

**960** 我们需要竭尽所能地保护地球，随手关灯、节约能源、不乱扔废弃物，虽然看起来都是微不足道的小事，但这些力所能及的事情一定会让地球越来越美丽。

▼ 地球表面上的水源包括海洋、河流、冰川，等等。水是各种动植物生存的必需要素之一。

## 图书在版编目（CIP）数据

宇宙地球的360个奥秘 / 稚子文化编绘. -- 长春：
吉林出版集团股份有限公司，2019.1（2022.8重印）
（大开眼界系列百科：高清手绘版）
ISBN 978-7-5581-4395-3

Ⅰ．①宇… Ⅱ．①稚… Ⅲ．①宇宙－少儿读物②地球
－少儿读物 Ⅳ．①P159-49②P183-49

中国版本图书馆CIP数据核字(2018)第254161号

大开眼界系列百科 高清手绘版

YUZHOU DIQIU DE 360 GE AOMI

# 宇宙地球的360个奥秘

| | |
|---|---|
| 作　　者：| 稚子文化 |
| 出版策划：| 齐　郁 |
| 项目统筹：| 郝秋月 |
| 选题策划：| 姜婷婷 |
| 责任编辑：| 徐巧智 |
| 出　　版：| 吉林出版集团股份有限公司（www.jlpg.cn） |
| | （长春市福祉大路5788号，邮政编码：130118） |
| 发　　行：| 吉林出版集团译文图书经营有限公司 |
| | （http://shop34896900.taobao.com） |
| 电　　话：| 总编办 0431-81629909 营销部 0431-81629880/81629881 |
| 印　　刷：| 鸿鹄（唐山）印务有限公司 |
| 开　　本：| 720mm×1000mm 1/16 |
| 印　　张：| 14 |
| 字　　数：| 175千字 |
| 版　　次：| 2019年1月第1版 |
| 印　　次：| 2022年8月第3次印刷 |
| 书　　号：| ISBN 978-7-5581-4395-3 |
| 定　　价：| 68.00元 |

印装错误请与承印厂联系　电话：13901378446